동물보건 실습지침서

동물해부생리학 실습

김정은 · 송범영 저

김성재 · 김옥진 · 김향미 · 박수정 · 박영석 · 송광영 · 오희경
이경동 · 정하정 · 최윤주 감수

박영story

머리말

최근 국내 반려동물 양육인구 증가에 따라, 인간과 더불어 사는 동물의 건강과 복지 증진에 관한 산업 또한 급성장을 이루고 있습니다. 이에 양질의 수의료서비스에 대한 사회적 요구는 필연적이며, 국내 동물병원들은 동물의 진료를 위해 진료 과목을 세분화하고, 숙련되고 전문성 있는 수의료보조인력을 고용하여, 더욱 체계적이고 높은 수준으로 수의료진료서비스 체계를 갖추고 있습니다.

2021년 8월 개정된 수의사법이 시행됨에 따라, 2022년 이후부터는 매년 농림축산식품부에서 주관하는 국가자격시험을 통해 동물보건사가 배출되고 있습니다. 동물보건사는 동물에 대한 관찰, 체온 · 심박수 등 기초 검진 자료의 수집, 간호판단 및 요양을 위한 간호 등 동물 간호 업무와 약물도포, 경구투여, 마취·수술의 보조 등 동물 진료 보조 업무를 수행하고 있습니다.

동물보건사 양성기관은 일정 수준의 동물보건사 양성 교육 프로그램을 구성하고, 동물보건사 필수교과목에 해당하는 교내 실습교육이 원활하고 전문적으로 이뤄질 수 있도록 교육 시스템을 마련해야 할 것입니다. 본 실습지침서는 동물보건사 양성기관이 체계적으로 동물보건사 실습교육을 원활하게 지도할 수 있도록 학습목표, 실습내용 및 준비물 등을 각 분야별로 빠짐없이 구성하였습니다. 또한 학생들이 교내 실습교육을 이수한 후 실습내용 작성 및 요점 정리를 할 수 있도록 실습일지를 제공하고 있습니다.

앞으로 지속적으로 교내실습 교육에 활용할 수 있는 교재로 개선해 나갈 것이며, 이 교재가 동물보건사 양성기관뿐만 아니라 동물보건사가 되기 위해 준비하는 학생들에게도 유용한 자료가 되기를 바랍니다.

2023년 3월

저자 일동

학습 성과	

학 교	
실습학기	
지도교수	
학 번	
성 명	

실습 유의사항

실습생준수사항

1. 실습시간을 정확하게 지킨다.
2. 실습수업을 하는 동안 항상 실습지침서를 휴대한다.
3. 학과 실습규정에 따라 실습에 임하며 규정에 반하는 행동을 하지 않는다.
4. 안전과 감염관리에 대한 교육내용을 사전 숙지한다.
5. 사고 발생시 학과의 가이드라인에 따라 대처한다.
6. 본인의 감염관리를 철저히 한다.

실습일지 작성

1. 실습 날짜를 정확히 기록한다.
2. 실습한 내용을 구체적으로 작성한다.
3. 실습 후 토의 내용을 숙지하여 작성한다.

실습지도

1. 학생이 이론과 실습이 균형된 경험을 얻을 수 있도록 이론으로 학습한 내용을 확인한다.
2. 실습지침서에 기록된 사항을 고려하여 지도한다.
3. 모든 학생이 골고루 실습수업에 참여할 수 있도록 지도한다.
4. 학생들의 안전에 유의한다.

실습성적평가

1. ______시간 결석시 ______점 감점한다.
2. ______시간 지각시 ______점 감점한다.
3. ______시간 결석시 성적 부여가 불가능(F)하다.

* 실습성적평가체계는 각 실습기관이 자체설정하여 학생들에게 고지한 후 실습을 이행하도록 한다.

주차별 실습계획서

주차	학습 목표	학습 내용
1	동물신체의 기본구조 이해하기	- 동물신체의 기본구조인 세포, 조직, 기관, 계통을 이해한다. - 방향표시에 관한 용어를 이해하고 습득한다.
2	피부의 구조와 기능 이해하기	- 피부의 구조와 역할에 대해 학습한다.
3	뼈대계통의 구조와 기능 이해하기 I	- 뼈의 모양에 따른 분류를 알아보고, 뼈발생에 대해 학습한다. - 머리뼈, 갈비뼈, 가슴뼈, 척주, 다리뼈, 골반뼈를 구성하는 뼈들의 명칭과 모양을 학습한다.
4	뼈대계통의 구조와 기능 이해하기 II	- 관절의 구성과 기능에 대해 이해한다. - 앞다리와 뒷다리 관절의 위치를 알고 구조를 학습한다.
5	근육계통의 구조와 기능 이해하기	- 근육의 일반적 구조 및 기능을 알고 근육수축원리를 이해한다.
6	신경계통의 구조와 기능 이해하기 I	- 중추신경계를 구분하고 기능을 학습한다.
7	신경계통의 구조와 기능 이해하기 II	- 신경전달물질의 종류와 역할을 이해하고, 학습한다. - 말초신경계를 구분하고 기능을 학습한다.
8	감각기관의 구조와 기능 이해하기 I	- 눈의 구조를 익히고, 구조물의 역할을 학습한다.
9	감각기관의 구조와 기능 이해하기 II	- 귀의 구조를 익히고, 구조물의 역할을 학습한다.
10	순환계통과 림프계통의 구조와 기능 이해하기 I	- 심장혈관계를 구성하는 각 부위별 명칭과 형태를 학습한다.
11	순환계통과 림프계통의 구조와 기능 이해하기 II	- 혈액의 구성, 림프절의 기능과 주요 피하림프절 위치를 학습한다.
12	호흡기계통의 구조와 기능 이해하기 I	- 호흡기를 구성하는 각각의 명칭과 형태를 학습한다.

주차	학습 목표	학습 내용
13	호흡기계통의 구조와 기능 이해하기 II	- 호흡기의 생리, 기체교환원리를 이해한다.
14	소화기계통의 구조와 기능 이해하기 I	- 소화기를 구성하는 각 부위의 명칭과 형태를 알아본다. - 소화효소의 종류와 역할 등 소화생리에 대해 학습한다.
15	소화기계통의 구조와 기능 이해하기 II	- 치아의 형태와 각 부위별 특징을 알아보고 학습한다.
16	비뇨기계통의 구조와 기능 이해하기 I	- 상부 비뇨기계통의 구조와 기능을 학습한다.
17	비뇨기계통의 구조와 기능 이해하기 II	- 하부비뇨기계통의 구조와 기능을 학습한다.
18	생식기계통의 구조와 기능 이해하기 I	- 수컷의 생식기 구조와 특징을 알아보고 학습한다.
19	생식기계통의 구조와 기능 이해하기 II	- 암컷의 생식기 구조와 특징을 알아보고 학습한다.
20	내분비계통의 구조와 기능	- 내분비계의 특성과 기능, 호르몬의 종류와 기능을 알아보고 학습한다.

차례

PART 09 소화기 계통

PART 10 비뇨기 계통

PART 11 생식기 계통

PART 12 내분비 계통

동물보건 실습지침서

동물해부생리학 실습

박영story

학습목표

- 동물신체의 기본구조인 세포, 조직, 기관, 계통을 이해한다.
- 방향표시에 관한 용어를 이해하고 습득한다.

PART 01

동물신체의 기본구조

01

기본구조 계통

실습개요 및 목적

동물신체의 기본구조인 세포를 알아보고, 조직, 기관, 계통을 분류할 수 있어야 한다.

실습준비물

- 실습지침서
- 실습복
- 동물 인형
- 동물 장기 모형

실습방법

1. 동물신체의 기본구조인 세포의 구성요소를 이해하고 명칭을 적고 기능에 대해 토의한다.

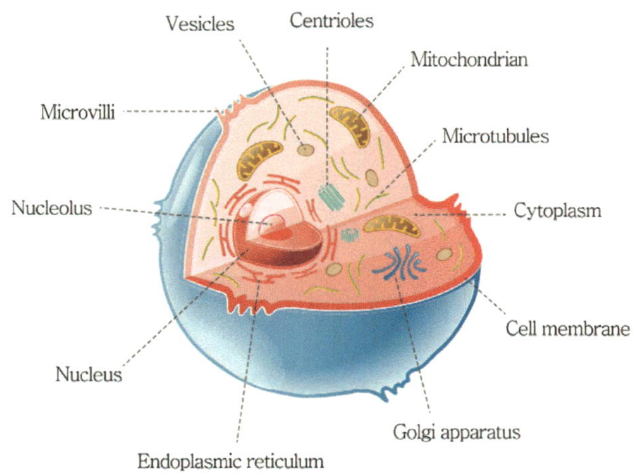

2. 체내 각 세포들이 모여 조직(tissue)을 구성한다. 조직의 종류와 특성에 대해 토의한다.

종류	특징	예시
상피조직		
결합조직		
근육조직		
신경조직		

3. 공통적인 기능을 가진 기관과 조직을 계통(system)으로 분류하고, 각 계통의 기능에 대해 토의한다.

종류	특징	예시
근골격계		
소화계		
순환계		
호흡계		
배설계		
신경계		
면역계		
내분비계		
생식계		

02

방향표시용어

실습개요 및 목적

몸부위, 몸의 단면, 방향표시에 관한 용어를 학습하고, 설명할 수 있다.

실습준비물

- 실습지침서
- 실습복
- 동물 인형

실습방법

동물 모형을 이용하여 몸 부위, 몸의 단면, 방향표시 용어를 학습하고, 팀별로 토의한다.

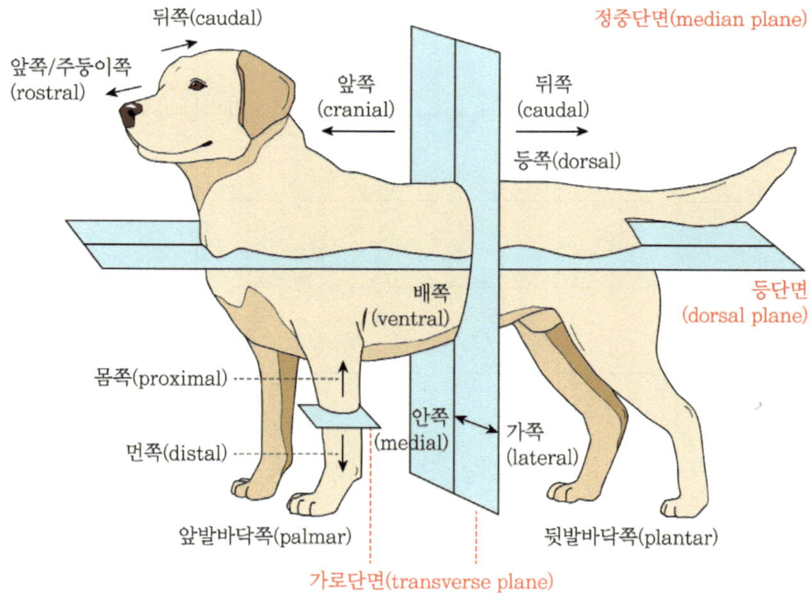

실습 일지

실습 날짜	. . .

실습 내용	
토의 및 핵심 내용	

교육내용 정리

메모

학습목표

- 피부의 구조와 기능을 이해한다.

PART 02

피부

01

피부의 구조와 기능

실습개요 및 목적

- 피부는 표피(epidermis), 진피(dermis)로 구성되고, 진피는 피부밑조직(hypodermis)에 부착되어 있다.
- 이들 피부를 구성하는 요소들을 알아보고, 각 요소들의 기능을 학습하고, 설명할 수 있다.

실습준비물

- 실습지침서
- 실습복
- 동물 피부 모형

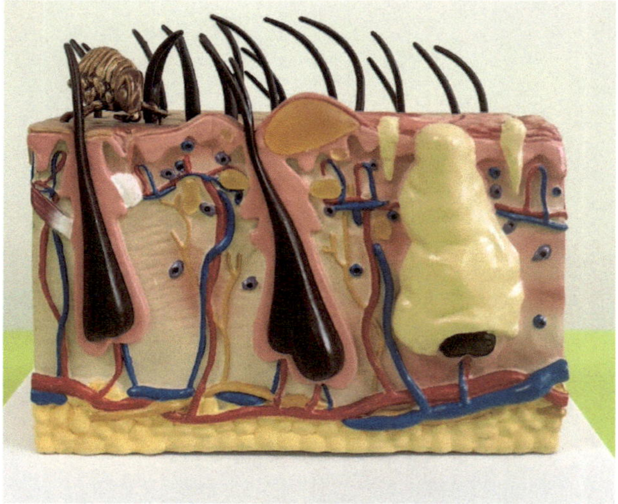

실습방법

1. 동물 피부 모형을 이용하여 피부의 각 층을 알아보고, 각 층별 구성요소와 기능에 대해 토의한다.

종류	구성요소 및 기능
표피	
진피	
피부밑조직	
피부부속기관	

2. 각각 다른 색을 이용하여 피부를 구성하는 요소를 색칠해 보시오.

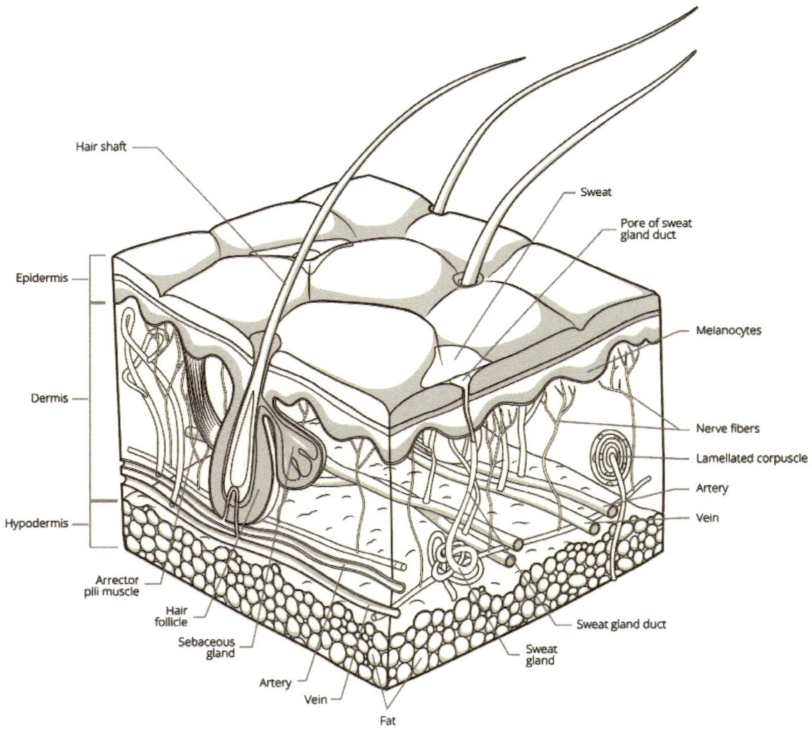

실습 일지

실습 날짜	. . .

실습 내용	
토의 및 핵심 내용	

교육내용 정리

학습목표

- 뼈의 모양에 따른 분류 및 뼈발생을 이해한다.
- 머리뼈, 갈비뼈, 가슴뼈, 척주, 다리뼈, 골반뼈를 구성하는 뼈들의 명칭과 모양을 학습한다.
- 관절의 구성과 기능을 이해한다.
- 앞다리와 뒷다리 관절의 위치와 구조를 이해한다.

PART 03

뼈대 계통의 구조와 기능

01

뼈의 모양과 뼈발생

실습개요 및 목적

- 뼈는 모양에 따라 긴뼈, 납작뼈, 짧은뼈, 불규칙뼈, 종자뼈 등으로 분류할 수 있으며, 이러한 뼈는 태어나기 전부터 막뼈되기(막내골화, intramembranous ossification) 또는 연골속뼈되기(연골내골화, endochondral ossification) 과정을 통해 만들어진다.
- 뼈의 모양에 따른 분류를 알아보고, 뼈가 만들어지는 과정인 뼈발생에 관해 이해하고, 설명할 수 있다.

실습준비물

- 실습지침서
- 실습복
- 동물 골격 모형

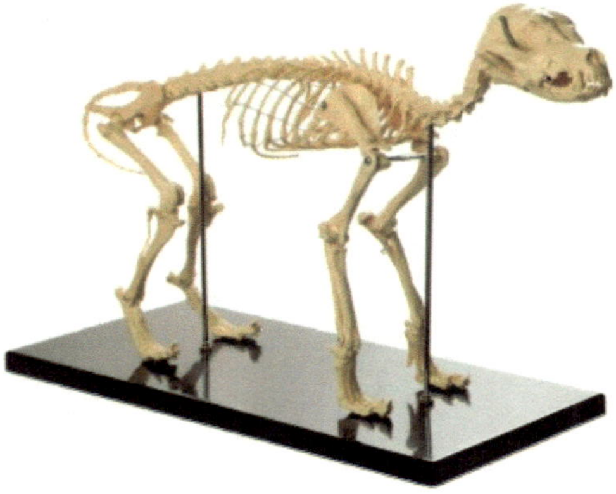

실습방법

1. 뼈 모양에 따른 분류를 알아보고, 그 예를 찾아본다.

- 긴뼈(Long bones)

- 납작뼈(Flat bones)

- 짧은뼈(Short bones)

- 불규칙뼈(Irregular bones)

- 종자뼈(Sesamoid bone) 등

2. 뼈 발생(연골속뼈되기)에 관한 그림이다. 내용을 살펴보고 팀원들과 토의한다.

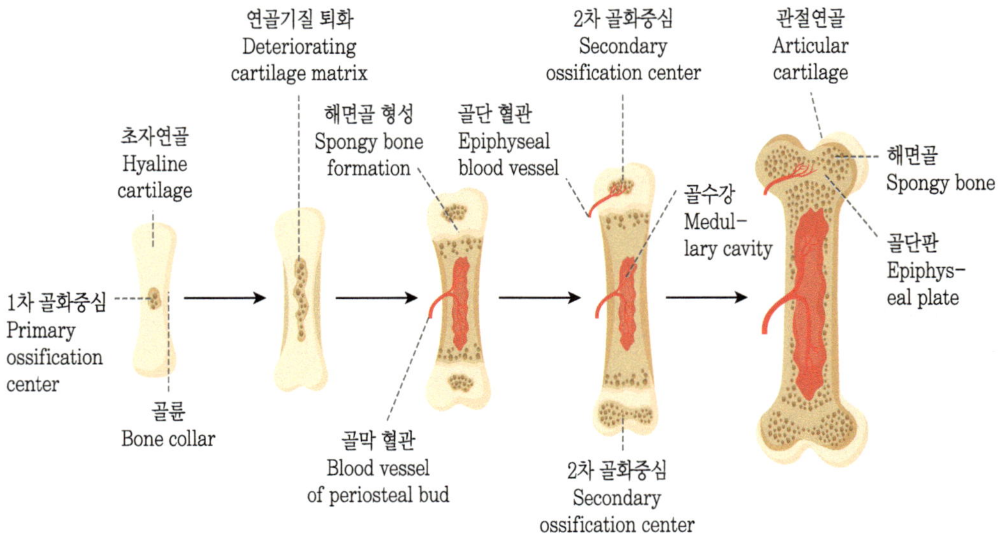

3. 긴 뼈(예, 넙다리뼈)의 구조를 확인하고, 각 부위별 명칭을 적어보기

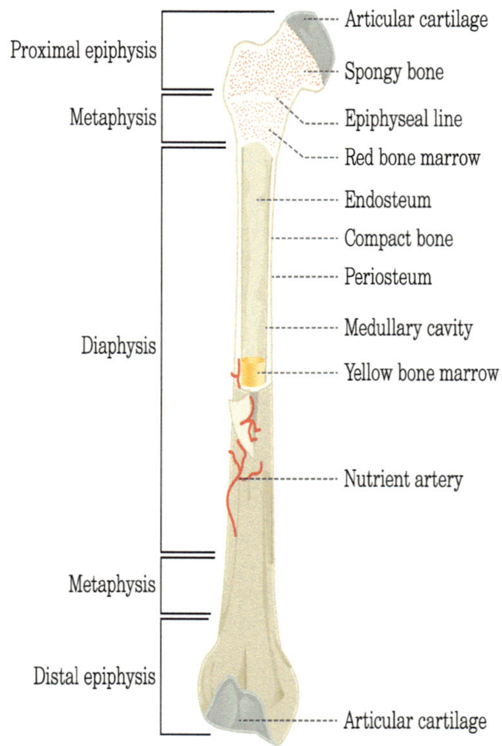

02

머리뼈

실습개요 및 목적

- 머리뼈는 여러 개의 납작뼈들이 섬유관절로 봉합되어 하나의 뼈를 구성한다.
- 머리뼈에서 부비동, 고실불룩, 설골장치의 위치를 확인한다.
- 머리뼈를 구성하는 각 뼈들의 위치를 확인하고, 명칭에 대해 학습하고, 설명할 수 있다.

실습준비물

- 실습지침서
- 실습복
- 동물 머리뼈 모형

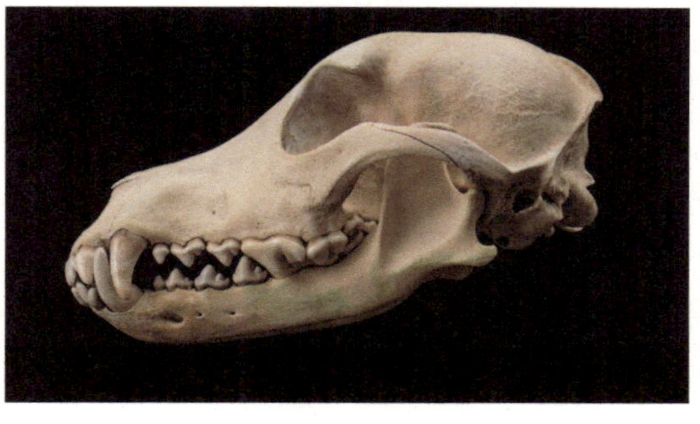

실습방법

- 머리뼈를 구성하는 뼈들의 명칭과 위치를 적어보기

[머리뼈, 아래턱뼈 외측면]

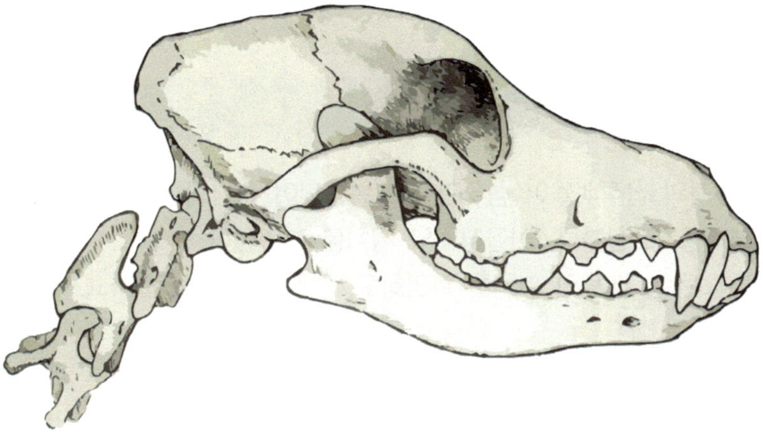

[머리뼈의 등쪽면]

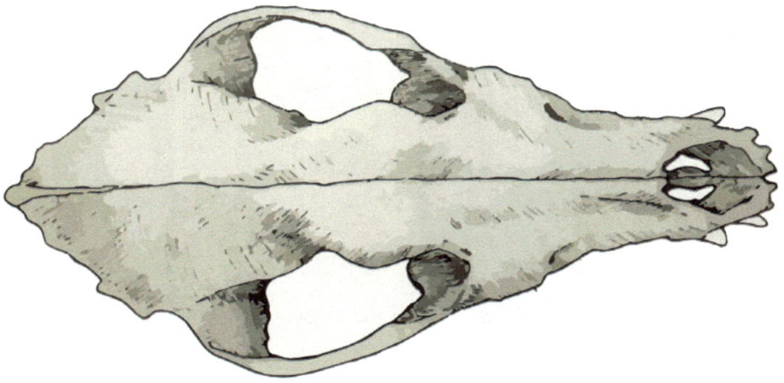

03

척주(Vertebral Column)

실습개요 및 목적

- 척주는 다양한 모양의 척추로 구성되어 있다.
- 개와 고양이의 척주는 7개의 목뼈, 13개의 등뼈, 7개의 허리뼈, 3개의 엉덩이뼈, 약 15~23개의 꼬리뼈로 유사하지만, 꼬리뼈의 수는 변이가 심하다.
- 머리뼈-환추골, 환추-축추 관절을 제외하고 섬유연골인 척추사이원반(interverbral discs)에 의해 결합된다.
- 척주를 구성하는 척추의 명칭, 모양, 개수에 대해 학습하고, 각각의 특징을 이해할 수 있다.

실습준비물

- 실습지침서
- 실습복
- 동물 척주(척추) 모형

실습방법

1. 척주를 구성하는 각 척추의 개수를 세어보고, 명칭을 적어보자.

[척주 외측면]

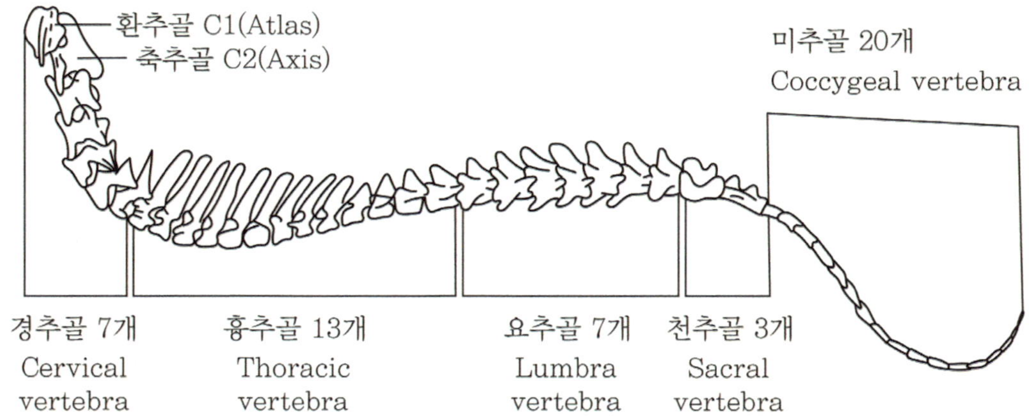

2. 척추사이원반의 정상 및 비정상 위치를 확인하고, 구성요소의 명칭과 특징을 적어보자.

[척추사이원반]

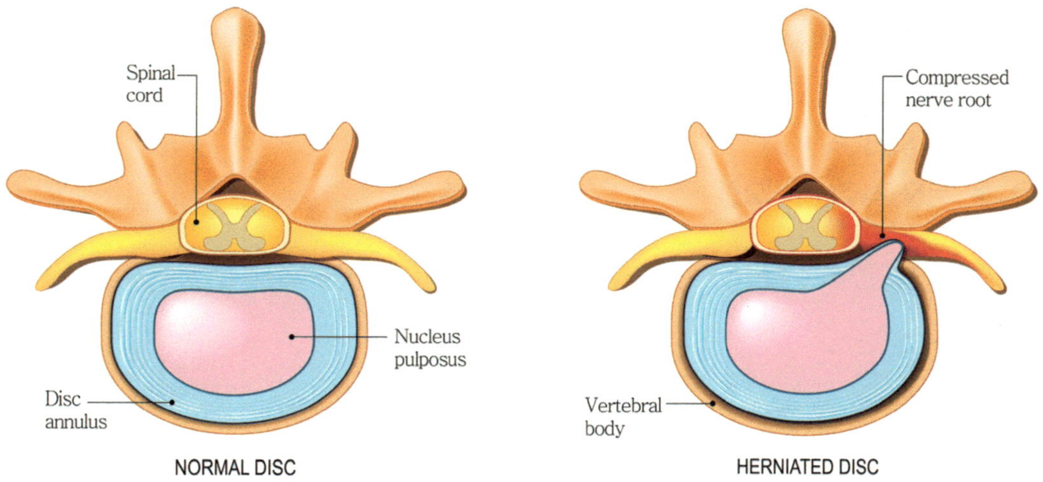

Spinal disc herniation

04

갈비뼈와 가슴뼈(Ribs and Sternum)

실습개요 및 목적

- 갈비뼈(늑골, rib)는 가슴우리(흉곽) 내 장기를 보호하는 역할을 한다.
- 개와 고양이는 13쌍의 갈비뼈를 가지고 있다.
- 갈비뼈는 등쪽으로는 척추와 관절하고, 배쪽으로는 가슴뼈와 관절한다(10~13번째 갈비뼈 제외)
- 각각의 갈비뼈는 늑골연골관절에서 늑연골과 관절하는 뼈부분으로 구성된다.
- 갈비뼈와 가슴뼈의 모양과 위치 등을 학습하고, 팀별로 토의한다.

실습준비물

- 실습지침서
- 실습복
- 동물 골격 모형

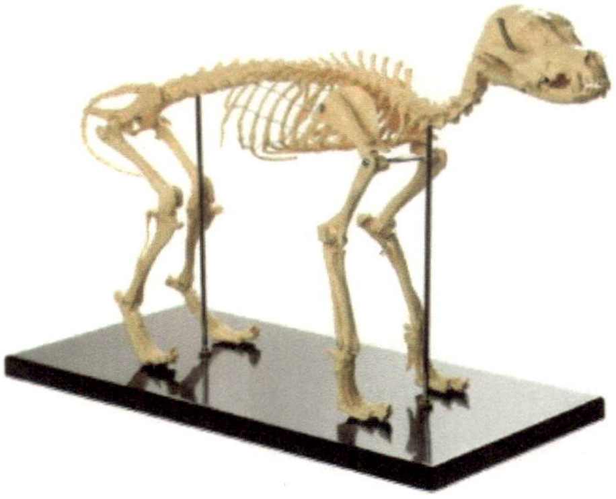

실습방법

1. 갈비뼈, 가슴뼈, 척추의 외측 그림이다. 각 구조물을 서로 다른 색으로 구분하고, 명칭을 적어보자.

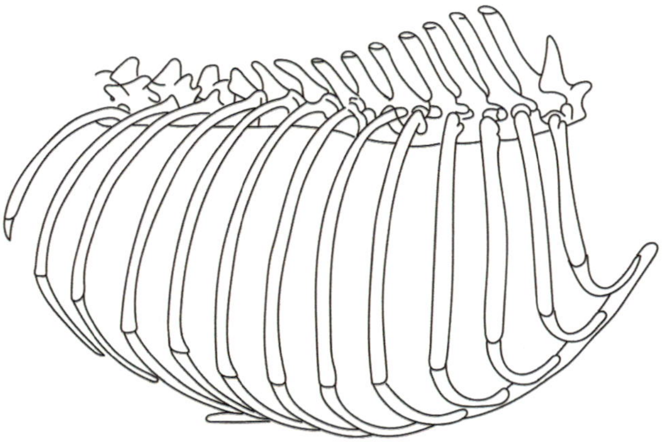

2. 갈비뼈와 가슴의 배쪽면 그림이다. 각 구조물을 서로 다른 색으로 구분하고, 명칭을 적어보자.

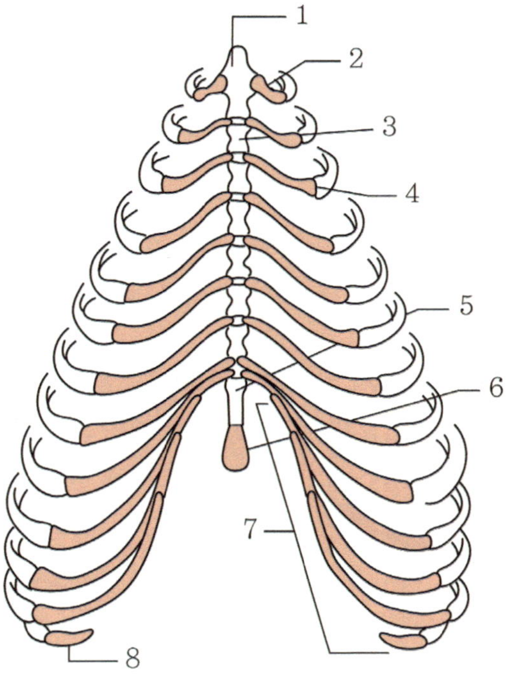

05

다리뼈

실습개요 및 목적

- 앞다리를 구성하는 뼈들: 쇄골, 어깨뼈, 상완뼈, 노뼈, 자뼈, 앞발목, 앞발허리뼈, 앞발가락뼈
- 뒷다리를 구성하는 뼈들: 골반, 넙다리뼈, 무릎뼈, 정강뼈, 종아리뼈, 뒷발목뼈, 뒷발가락뼈
- 앞다리를 구성하는 뼈와 뒷다리를 구성하는 뼈의 종류 및 특징을 학습하고, 뼈를 구분하여 배열할 수 있어야 한다.

실습준비물

- 실습지침서
- 실습복
- 동물 골격 모형

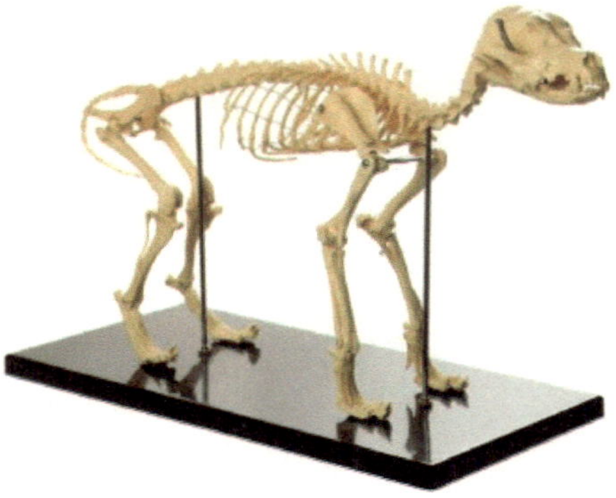

실습방법

1. 앞다리를 구성하는 뼈들이다. 각 부위의 모양과 특징을 학습하고, 각 부위를 서로 다른 색으로 구분하여 보자.

[외측면] [내측면]

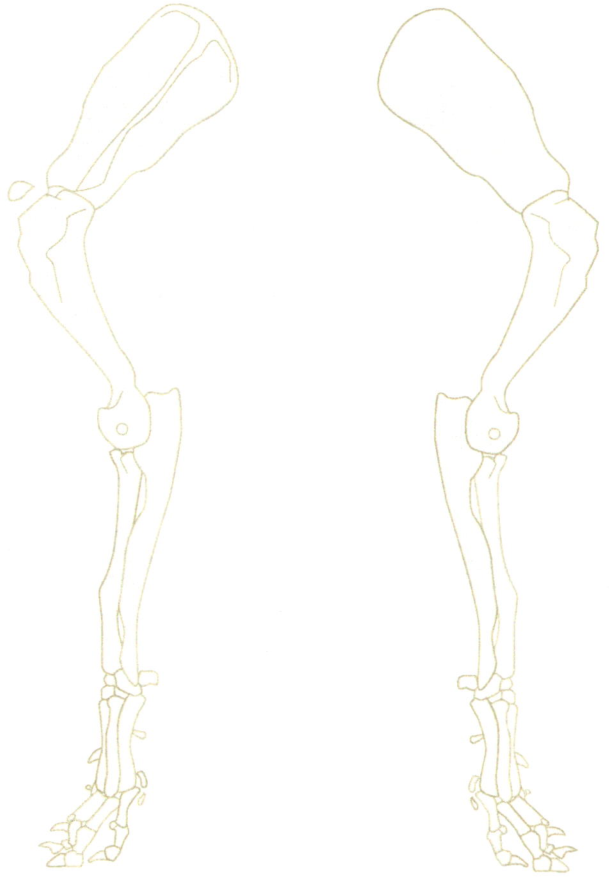

2. 뒷다리를 구성하는 뼈들이다. 각 부위의 모양과 특징을 학습하고, 각 부위를 서로 다른 색으로 구분하여 보자.

[넙다리뼈]

[정강이뼈 및 종아리뼈]

[뒷발목뼈 및 뒷발가락뼈]

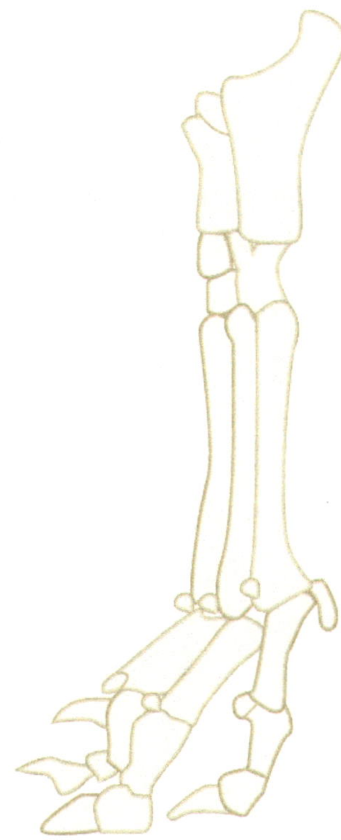

06

골반뼈

실습개요 및 목적

- 골반은 2개의 관골이 두덩결합(치골결합)을 통해 관절하여 형성된다.
- 엉치뼈(천골)와 관절을 이루어 몸통과 뒷다리를 연결하는 부위가 된다.
- 관골은 각각 궁둥뼈(좌골), 엉덩뼈(장골), 두덩뼈(치골)로 구성된다.
- 골반을 구성하는 뼈들의 명칭과 모양을 학습하고, 성견과 강아지의 관골의 차이를 알 수 있다.

실습준비물

- 실습지침서
- 실습복
- 동물 골반 골격 모형

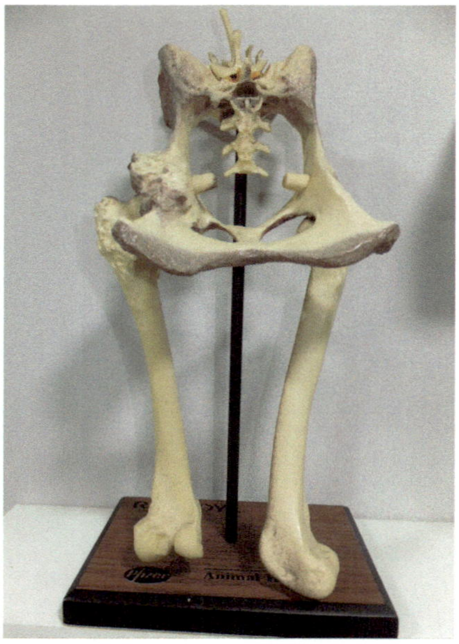

실습방법

1. 다음은 골반을 구성하는 뼈들이다. 각 부위의 모양과 특징을 학습하고, 각 부위를 서로 다른 색으로 구분하여 보자.

[등쪽면]

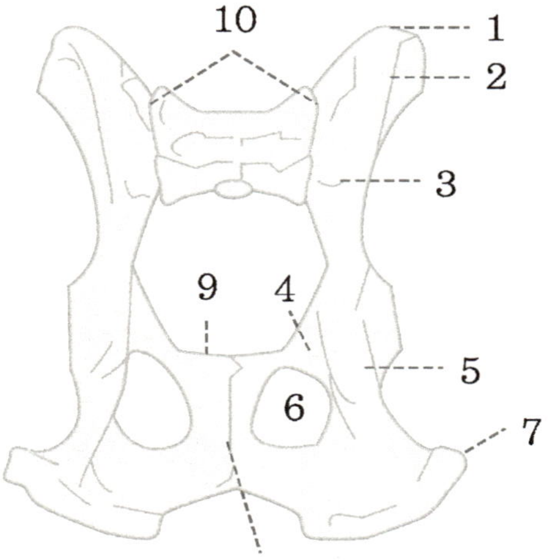

[성견의 관골]

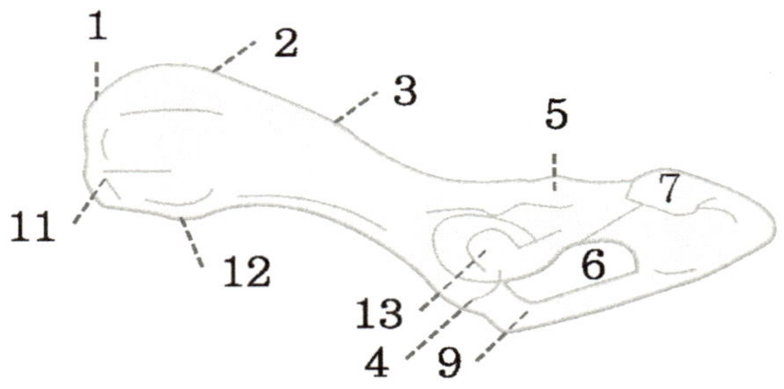

[강아지의 관골]

실습 일지

실습 날짜	. . .

실습 내용	
토의 및 핵심 내용	

교육내용 정리

07

관절의 구조와 종류

실습개요 및 목적

- 뼈와 뼈가 연결되는 부위로, 운동이 가능한 가동관절과 운동이 불가능한 부동관절로 구분된다.
- 또한, 관절을 구성하는 요소에 따라 섬유관절(fibrous joint), 연골관절(cartilaginous joint), 윤활관절(synovial joint) 등이 있다.
- 가동관절과 부동관절을 학습하고, 두 관절의 차이를 이해한다.
- 관절의 구성요소를 이해하고, 그 특징을 알 수 있다.

실습준비물

- 실습지침서
- 실습복
- 동물 관절 모형 등

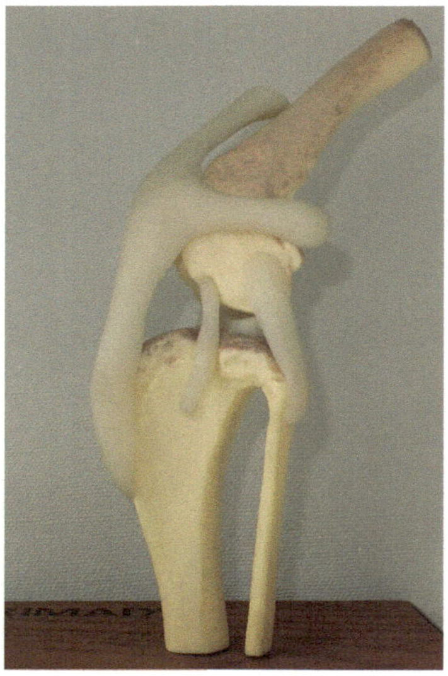

실습방법

1. 섬유관절의 특징을 학습하고, 그 예를 찾아 적어보자.
   - 치밀한 결합조직에 의해 결합된 관절로 봉합관절, 인대결합 등의 형태를 띤다.

2. 연골관절의 특징을 학습하고, 그 예를 찾아 적어보자.
   - 대부분 일시적이고 성장이 중지되면 소멸되어 연골이 뼈로 대체된다.

3. 윤활관절의 특징을 학습하고, 그 예를 찾아 적어보자.
   - 뼈와 뼈 사이가 관절낭으로 둘러싸인 관절강이 있다.

4. 가동관절의 종류와 부동관절의 종류를 알아보고, 그 예를 찾아 적어보자.

5. 관절을 구성하는 요소를 찾아 명칭을 적고, 그 특징에 대해 토의해보자.

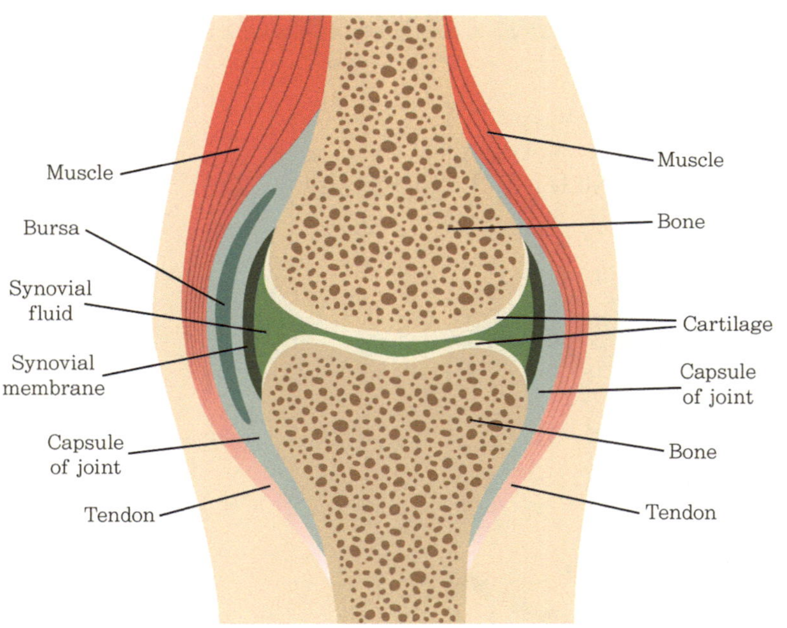

Anatomy of the joint

08

앞다리와 뒷다리 관절

실습개요 및 목적

- 앞다리뼈는 어깨관절, 앞다리굽이관절, 앞발목관절 등 여러 개의 관절이 있다.
  - 어깨관절: 어깨뼈의 관절오목과 상완골 머리
  - 앞다리굽이관절: 상완골관절융기, 요골머리오목, 척골의 도르래패임
  - 앞발목 관절: 노뼈(요골)와 자뼈(척골)의 원위
- 뒷다리뼈는 천골장골관절, 대퇴관절, 무릎관절 등 여러 개의 관절이 있다.
  - 천골장골관절: 천골날개와 장골날개의 관절면
  - 대퇴관절: 관골, 넙다리뼈
  - 무릎관절: 대퇴골무릎관절, 대퇴경골관절
- 무릎관절의 구조와 특징을 알 수 있다.

실습준비물

- 실습지침서
- 실습복
- 물의 앞다리 및 뒷다리 골격 및 관절 모형

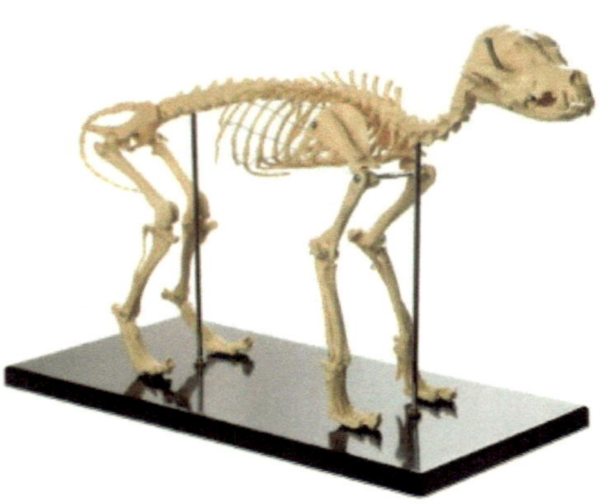

실습방법

[앞다리 관절의 위치]

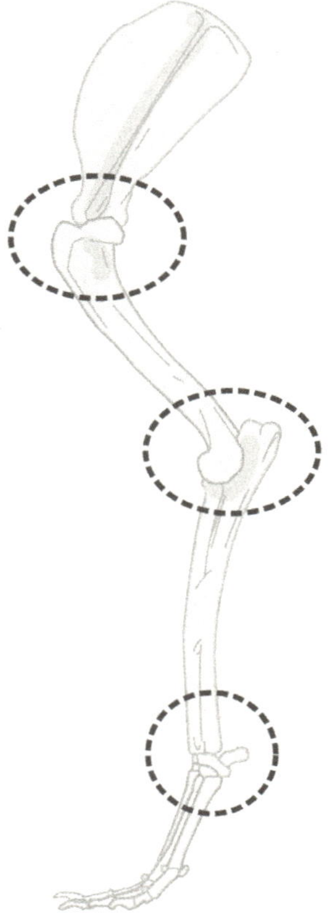

[무릎 관절의 내측면, 외측면, 앞쪽면, 뒤쪽면 모습]

- 무릎뼈 및 무릎인대의 위치를 확인하고 각 부위의 명칭을 적어보자.
- 무릎관절의 내외향운동을 지탱해주는 앞, 뒤쪽 십자인대의 위치를 확인한다.

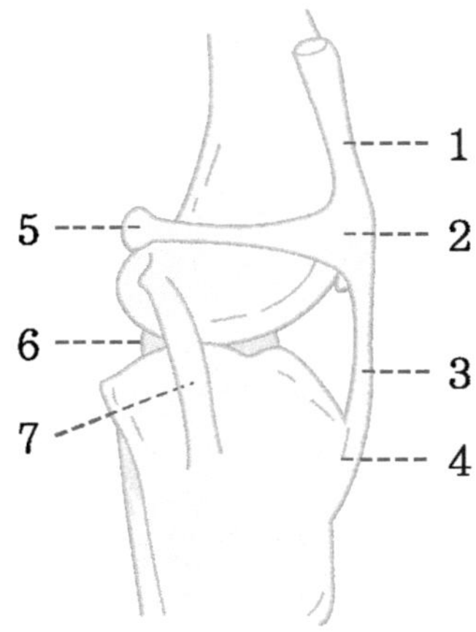

A. 내측면

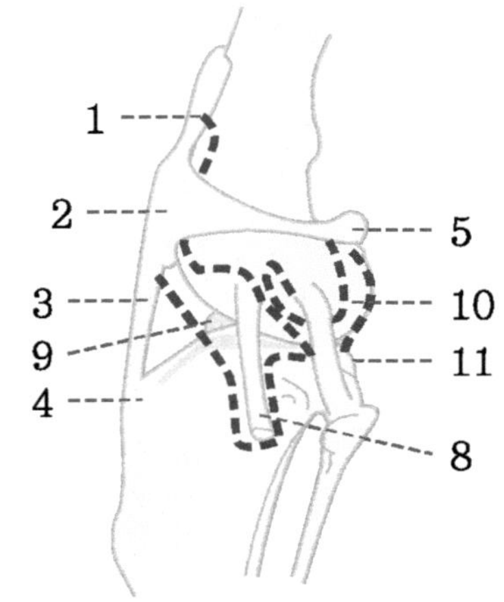

B. 외측면

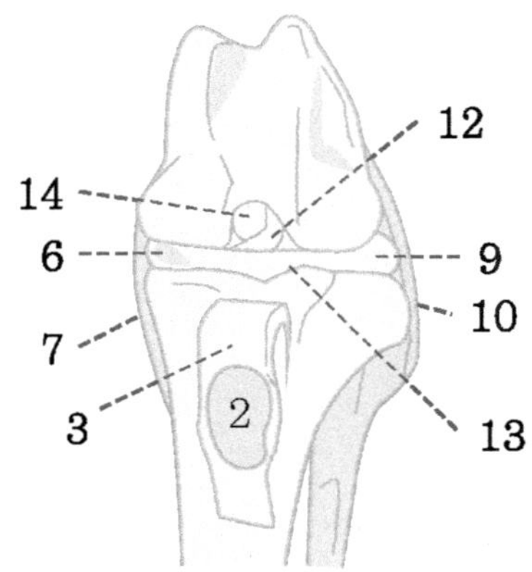

C. 앞쪽면

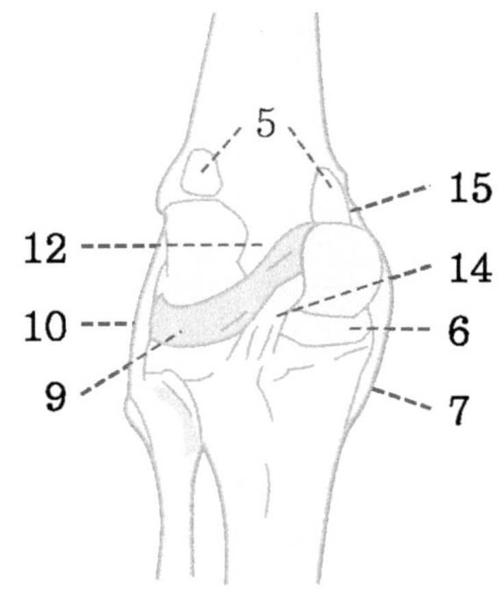

D. 뒤쪽면

[뒷다리 관절]

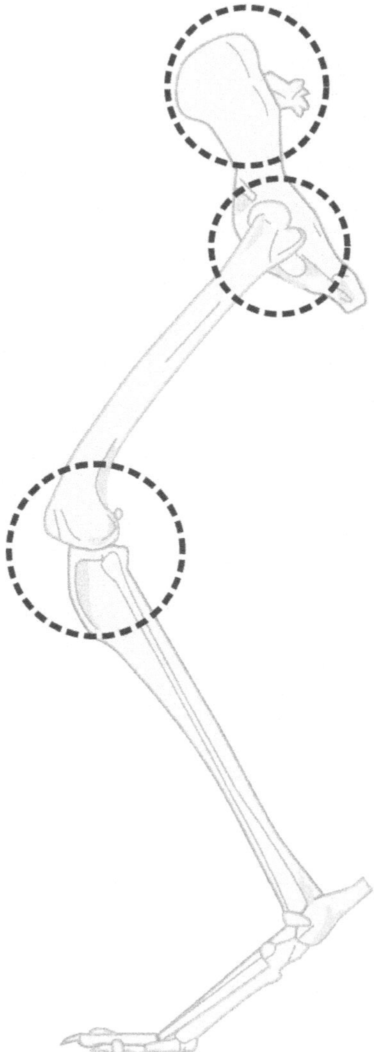

실습 일지

실습 날짜	. . .

실습 내용	
토의 및 핵심 내용	

교육내용 정리

학습목표

- 근육의 일반적 구조 및 기능을 알고, 근육수축 원리를 이해한다.

PART 04

근육 계통

01

근육의 일반적인 구조와 기능

실습개요 및 목적

- 근육은 척추동물의 체중의 약 40% 차지하며, 체온조절과 자세 유지 및 운동에 관여한다.
- 근육은 구조와 기능에 따라 골격근, 심장근, 평활근으로 구분할 수 있다.
  - 골격근: 다핵을 함유하고, 줄무늬 형태의 세포로 나열되어 있음. 수의운동이 가능함.
  - 평활근: 1개의 핵을 가진 방추모양의 세포로 구성되어 느리고 불수의적 운동이 가능함.

심장근: 1개의 핵을 가진

- 근육의 구성요소를 확인하고, 특징과 기능에 대해 이해할 수 있다.

실습준비물

- 실습지침서
- 실습복
- 동물 근육 모형

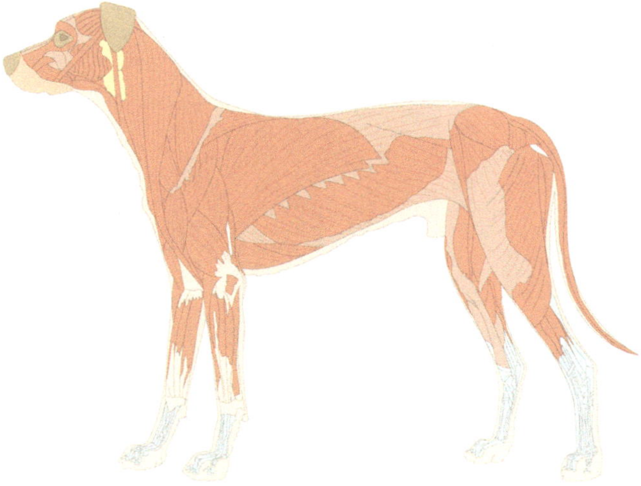

실습준비물

1. 씹을 때 관여하는 근육에 대해 알아보고, 명칭을 적어보자.

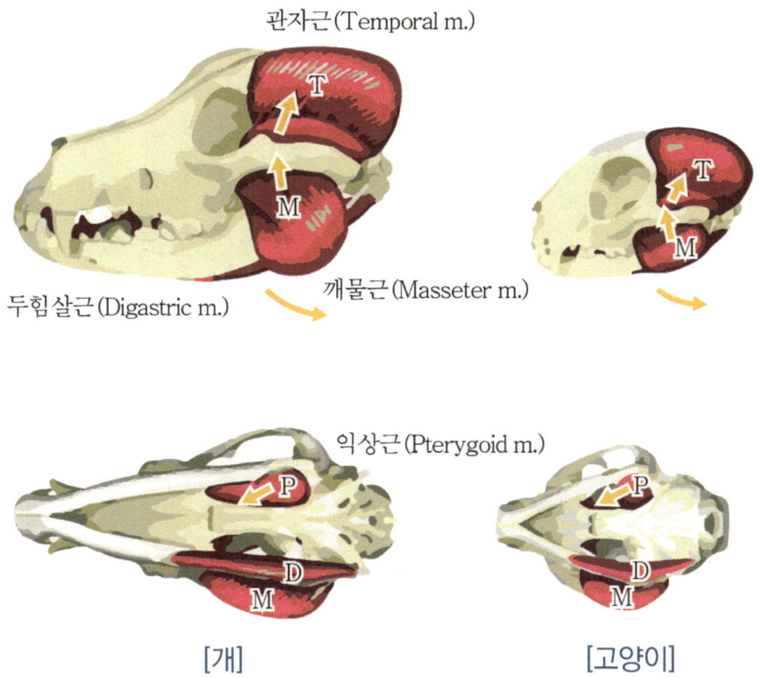

2. 안구근육에 대해 알아보고 명칭을 적어보자.

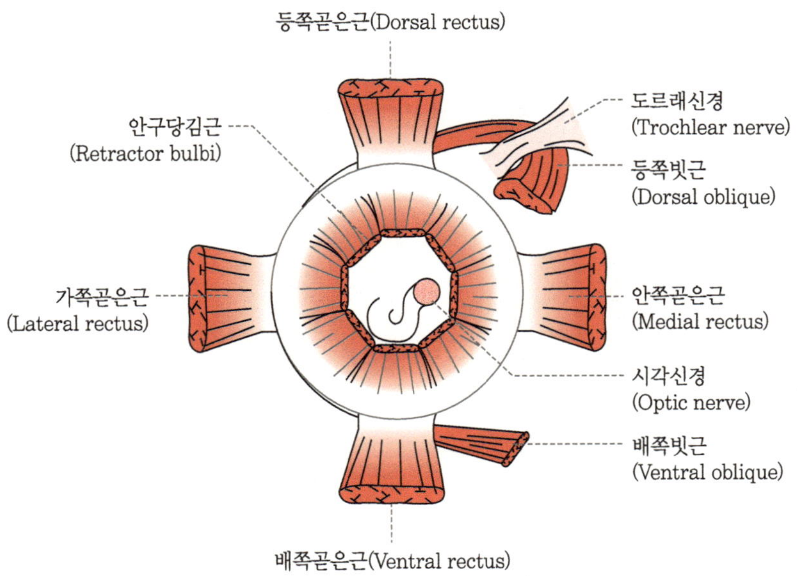

3. 호흡에 관여하는 근육에 대해 알아보고, 명칭을 적어보자.

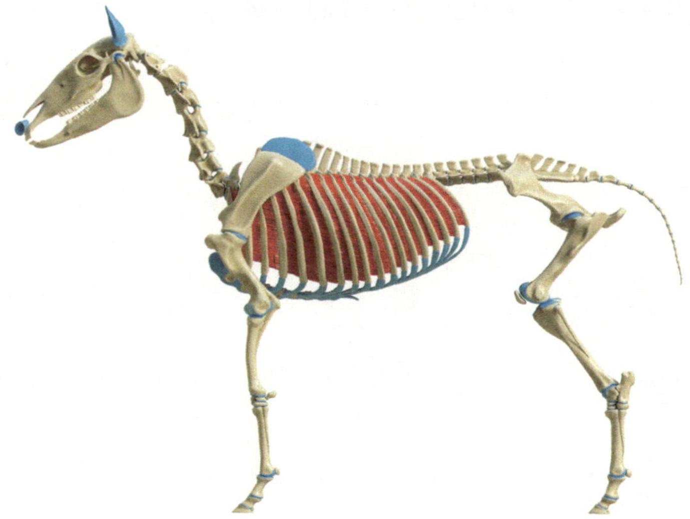

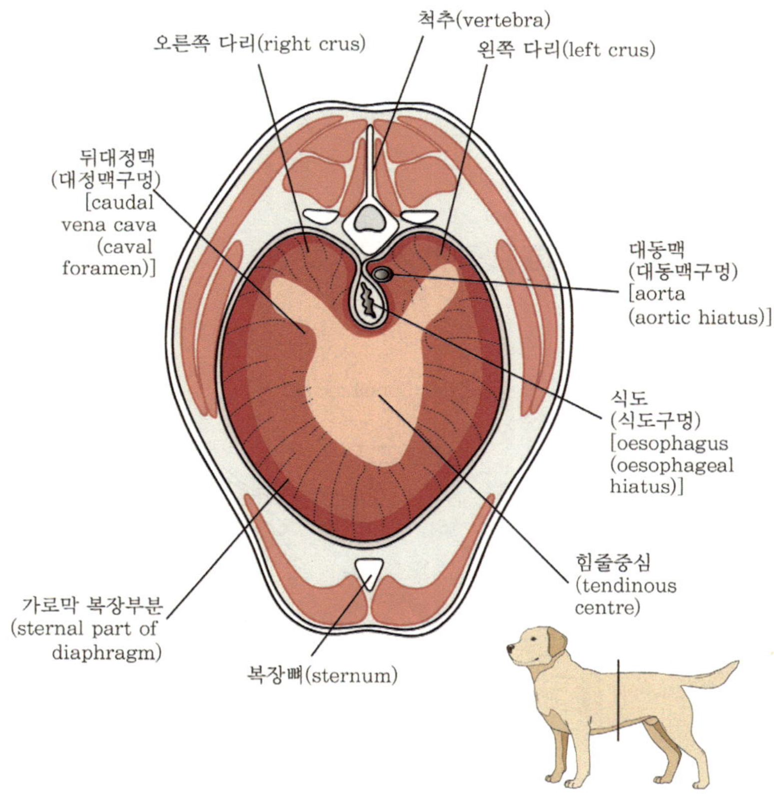

4. 배근육의 종류와 백선을 찾아보고, 해부학적 위치를 확인한다.

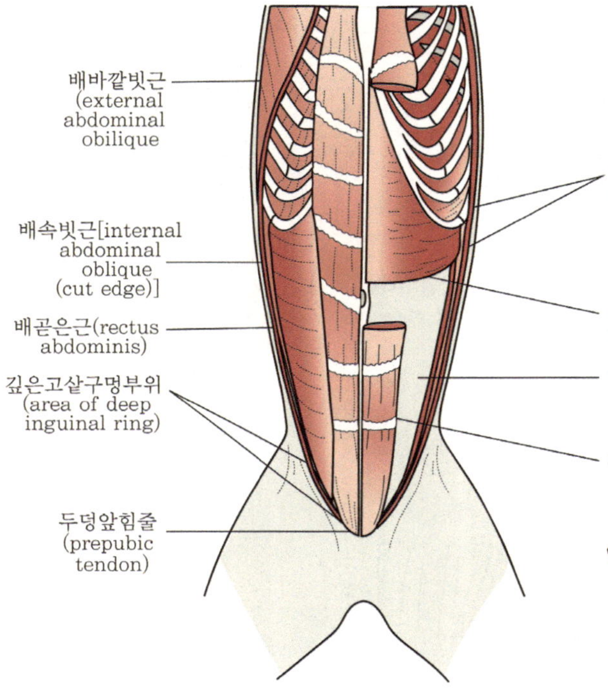

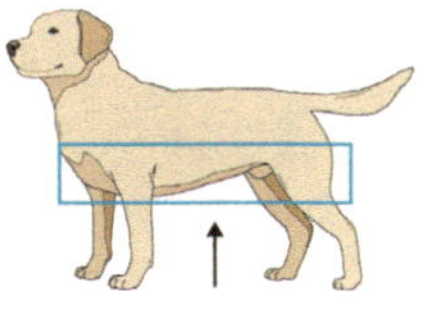

5. 앞다리 상, 하부의 근육을 찾아보고, 해부학적 위치를 확인한다.

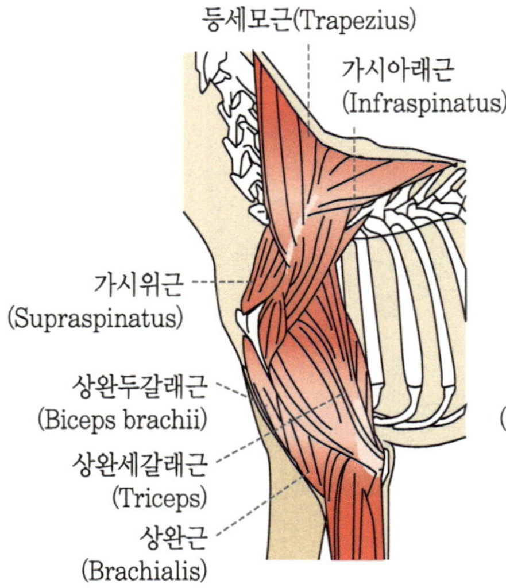

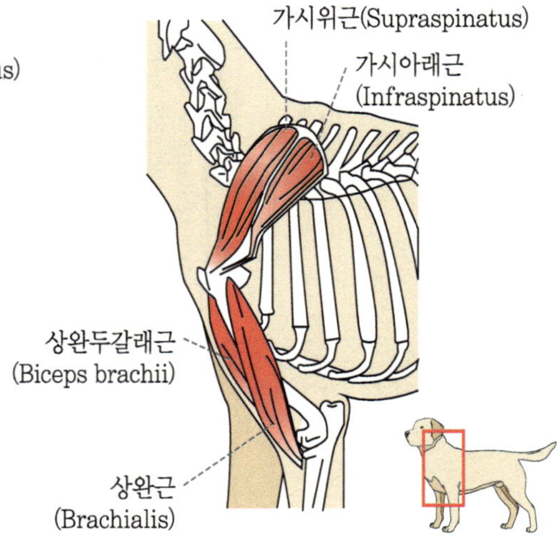

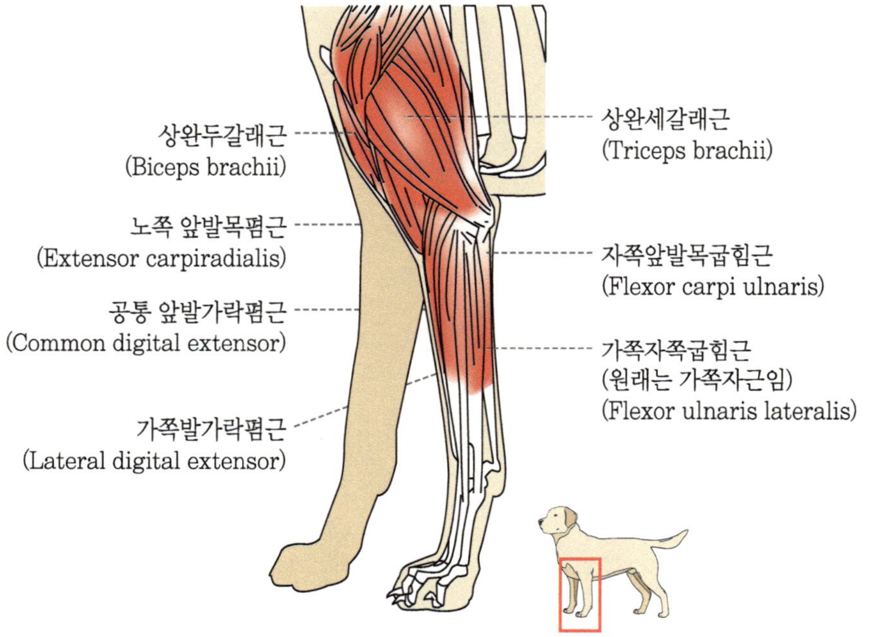

6. 뒷다리 상, 하부의 근육을 찾아보고, 해부학적 위치를 확인한다.

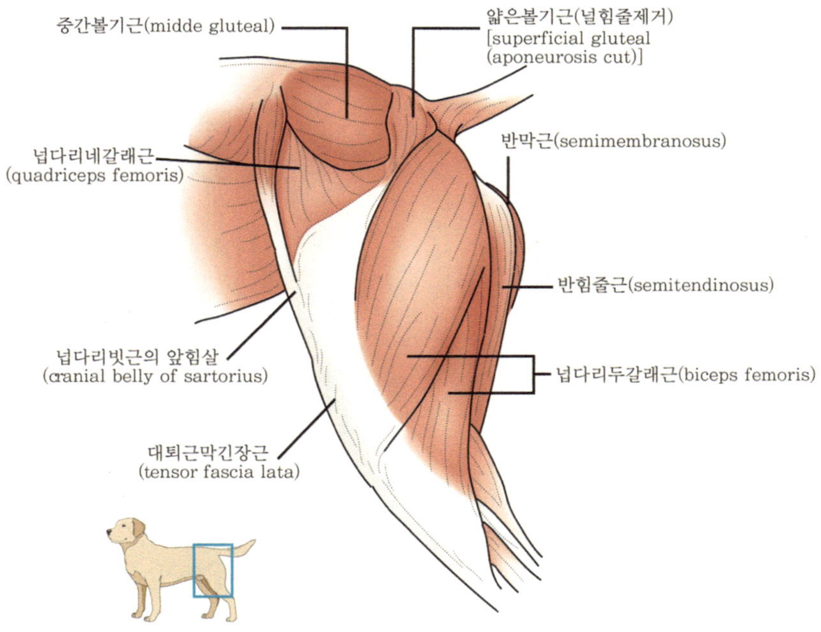

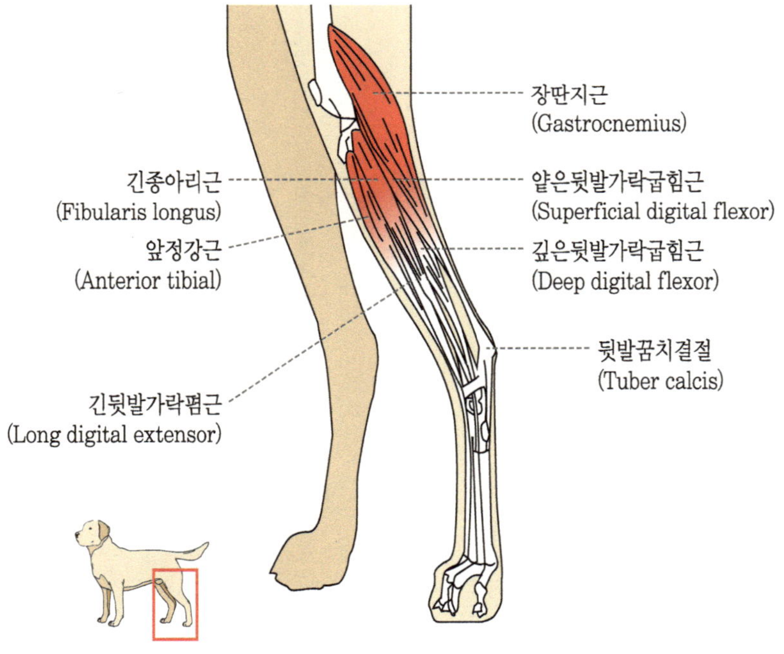

실습 일지

실습 날짜	. . .

실습 내용	
토의 및 핵심 내용	

교육내용 정리

학습목표

- 중추신경계와 말초신경계를 구분하고, 기능과 차이를 이해한다.

PART 05

신경 계통

01

중추신경

실습개요 및 목적

- 신경계통은 전기적, 화학적 신호전달을 통해, 신체 전반의 광범위한 기능을 담당한다.
- 내·외부 자극을 인지하고, 자극을 통합하여 분석하고, 필요한 자극을 생성한다.
- 중추신경계(Central nerve system, CNS)와 말초신경계(Peripheral nerve system)로 분류할 수 있다.
- CNS는 뇌와 척수로 구성된다.
- 신경계통을 분류하고 기능을 이해한다.
- 신경세포의 기본 구조를 이해하고, 신경자극 전달 과정을 설명할 수 있다.

실습준비물

- 실습지침서
- 실습복

실습방법

1. 신경세포의 각 명칭을 찾아보고 기능에 대해 토의한다.

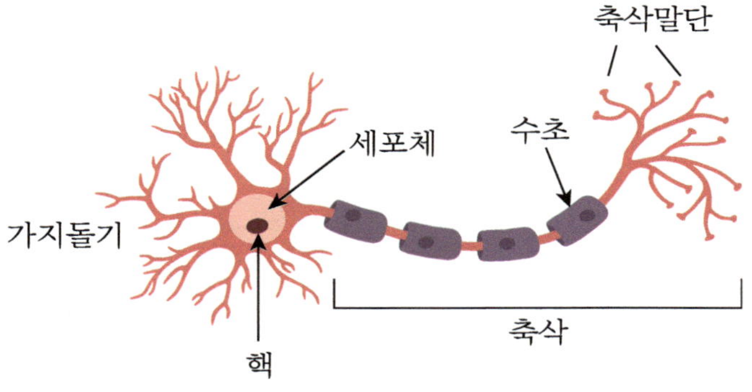

2. 신경연접(시냅스)의 각 명칭을 찾아보고 기능에 대해 토의한다.

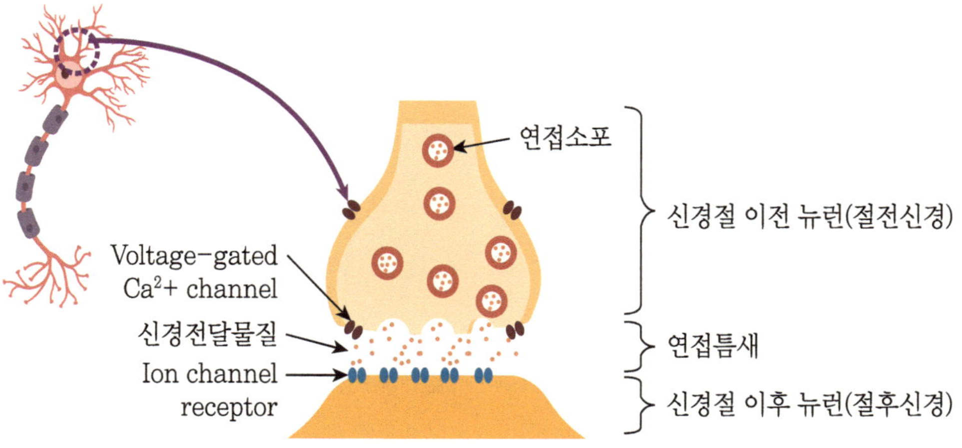

3. 중추신경계(뇌)에 해당하는 부위의 해부학적 명칭을 찾아보고 기능에 대해 토의한다.

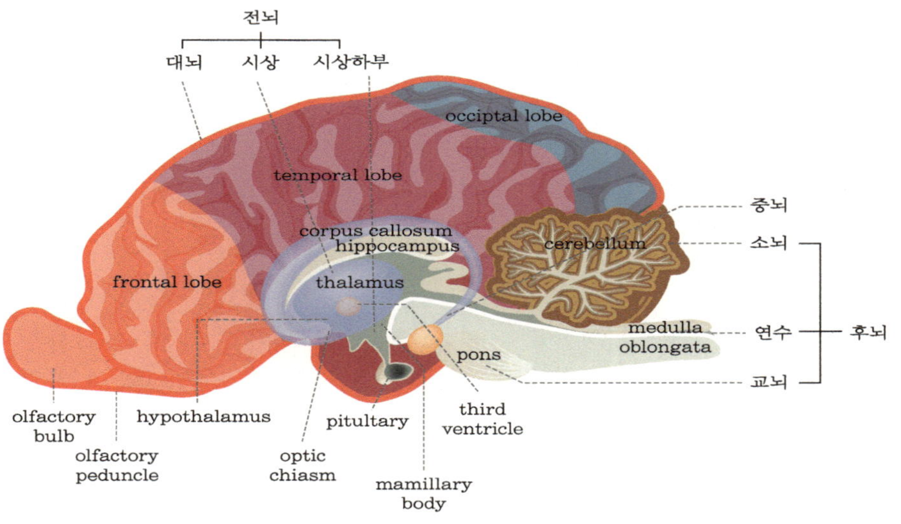

4. 척수신경의 각 명칭을 찾아보고 기능에 대해 토의한다.

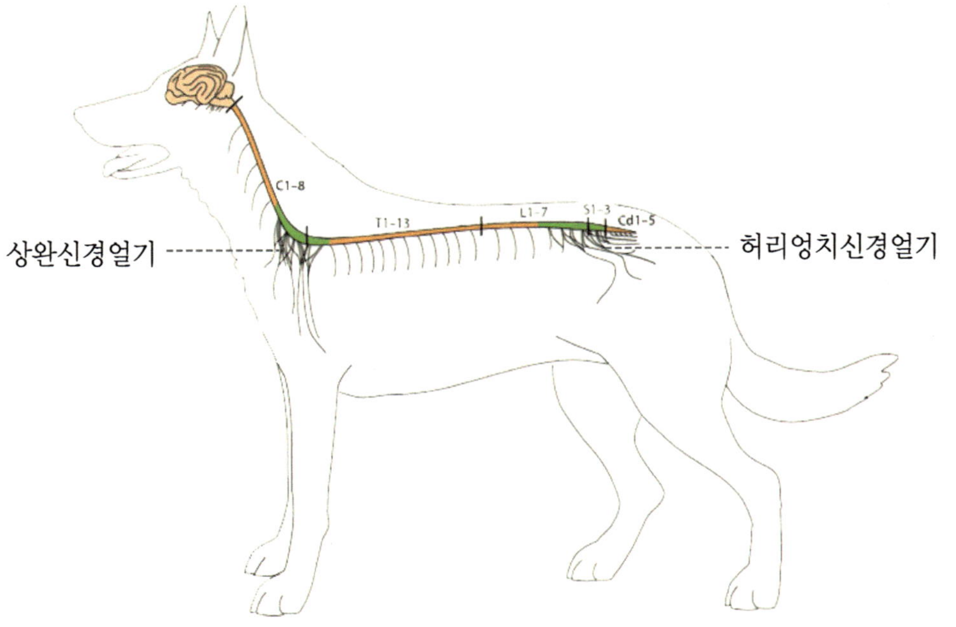

02

말초신경

실습개요 및 목적

- 신경계통은 전기적, 화학적 신호전달을 통해, 신체 전반의 광범위한 기능을 담당한다.
- 내·외부 자극을 인지하고, 자극을 통합하여 분석하고, 필요한 자극을 생성한다.
- 중추신경계(Central nerve system, CNS)와 말초신경계(Peripheral nerve system, PNS)로 분류할 수 있다.
- PNS는 뇌신경 12쌍, 척수신경 31쌍으로 구성된다.
- 신경계통을 분류하고 기능을 이해한다.
- 신경세포의 기본 구조를 이해하고, 신경자극 전달 과정을 설명할 수 있다.

실습준비물

- 실습지침서
- 실습복

실습방법

말초신경계를 분류하고, 그 기능에 대해 토의한다.

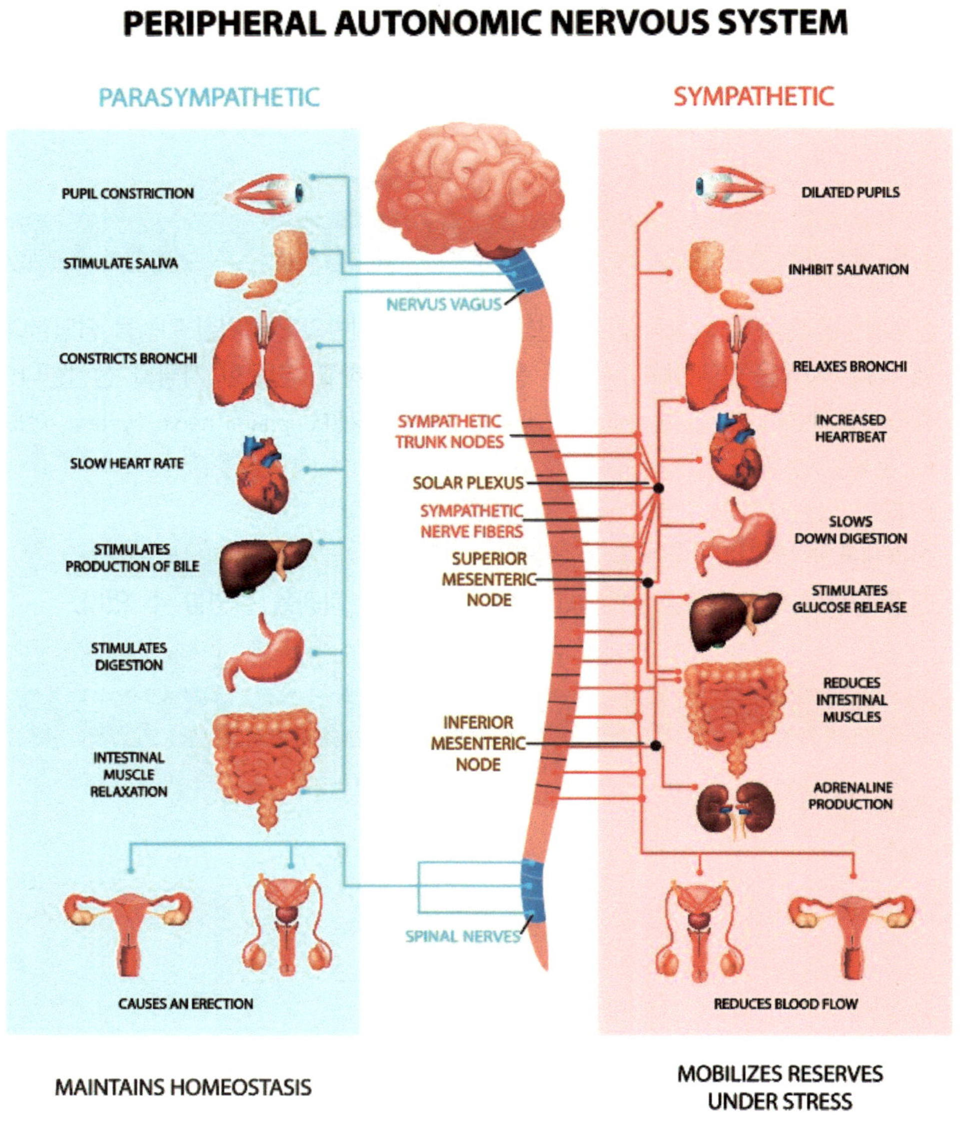

메모

학습목표

- 감각기관의 구조와 기능을 이해한다.
- 눈, 귀의 구조를 익히고, 각 구조물의 역할을 학습한다.

PART 06

감각기관

01

눈의 구조와 기능

실습개요 및 목적

- 개는 한쌍의 눈이 두개골 전면에 위치하여, 넓은 양안시를 가지므로, 물체의 위치를 정확히 확인할 수 있다.
- 개의 눈은 안구와 안구부속기로 구성되어 있다.
- 막성 구조물은 각막, 공막, 포도막(홍체, 모양체, 맥락막), 망막이 있다.
- 안구 내용물은 수정체, 안방수, 초자체로 구성된다.
- 안구부속기는 상안검, 하안검, 제3안검, 결막으로 구성되어 안구를 보호하는 기능을 한다.

실습준비물

- 실습지침서
- 실습복
- 안구모형

실습방법

1. 개 눈의 구조를 확인하고 각각의 명칭과 기능을 학습한다.

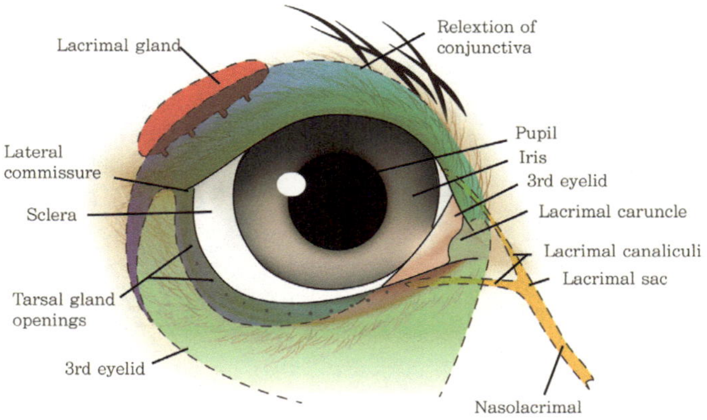

2. 개 눈(eye)의 내부구조를 확인하고, 각각의 명칭과 기능을 학습한다.

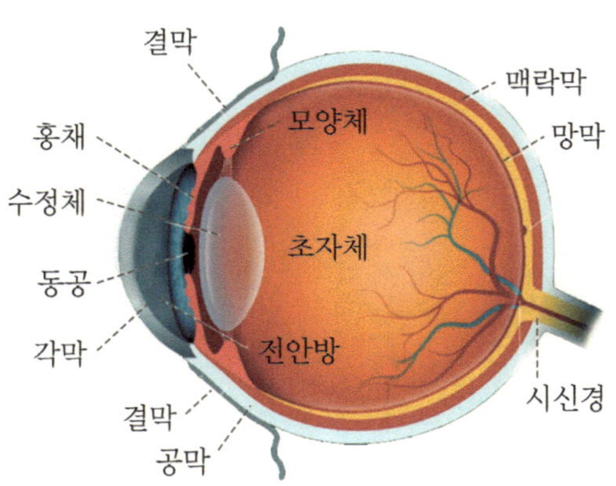

3. 개의 눈물 흐름경로를 확인해보자.

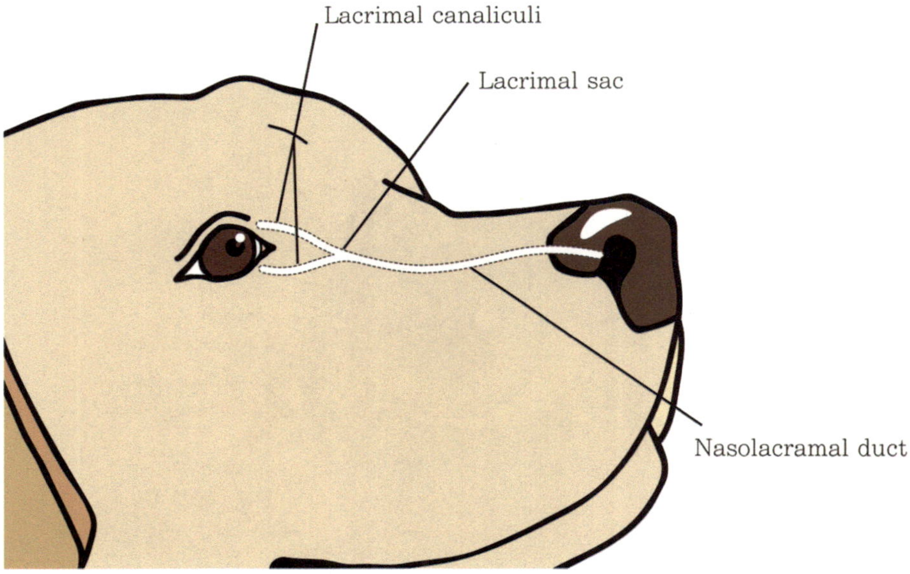

02

귀의 구조와 기능

실습개요 및 목적

- 귀는 청각과 균형감각을 느끼는 기관이다.
- 귓바퀴는 개의 품종에 따라 여러 형태와 크기로 나타난다.
- 개의 외이도는 수직(vertical)과 수평(horizontal)부분으로 나뉜다.
- 고막으로 구분되는 중이는 망치골, 모루골, 등자골에 의해 진동을 내이로 전달한다.
- 내이의 전정달팽이신경에 의해 신경충격을 뇌로 전달한다.
- 개의 달팽이는 사람보다 커서, 청각도 훨씬 더 민감하다.

실습준비물

- 실습지침서
- 실습복
- 개의 귀 모형

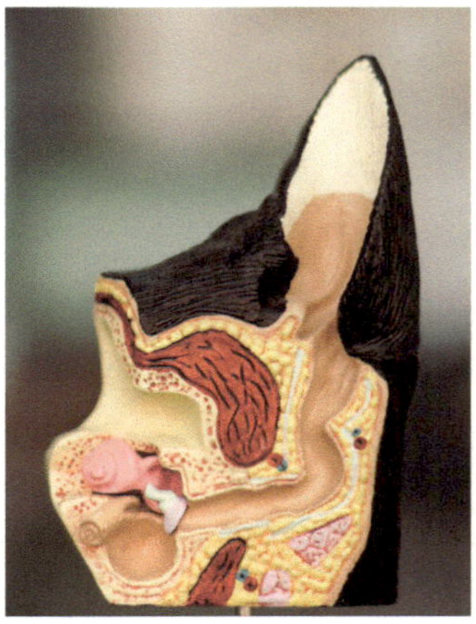

실습방법

개의 귀 구조를 확인하고, 각각의 명칭과 기능을 적어본다.

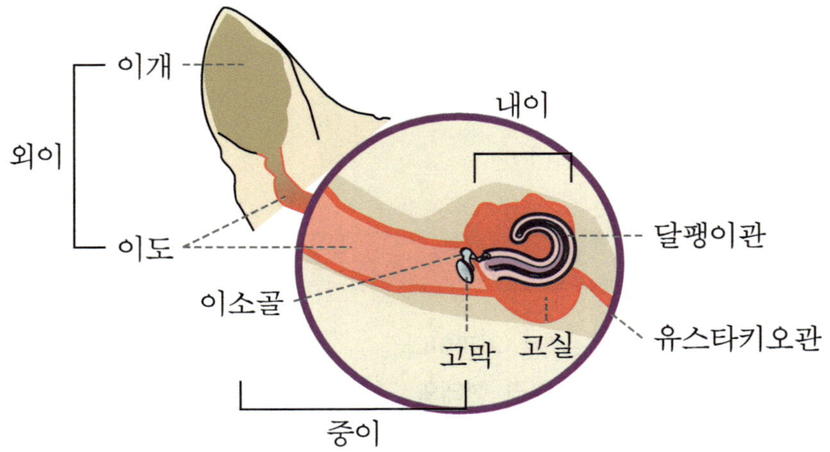

실습 일지

실습 날짜	. . .

실습 내용	
토의 및 핵심 내용	

교육내용 정리

메모

학습목표

- 심장혈관계를 구성하는 각 부위별 명칭과 형태를 학습한다.

PART 07

순환 계통

01

심장혈관 계통의 구조와 기능

실습개요 및 목적

심장 모형 및 도감을 통해 심장의 외형 및 내부구조 등에 대해 학습한다.

실습준비물

- 실습지침서
- 실습복
- 심장도감
- 동물 해부모형
- 색연필

실습방법

1. 심장 내외부의 기본구조에 대해 이해하고 명칭과 기능을 학습한다.

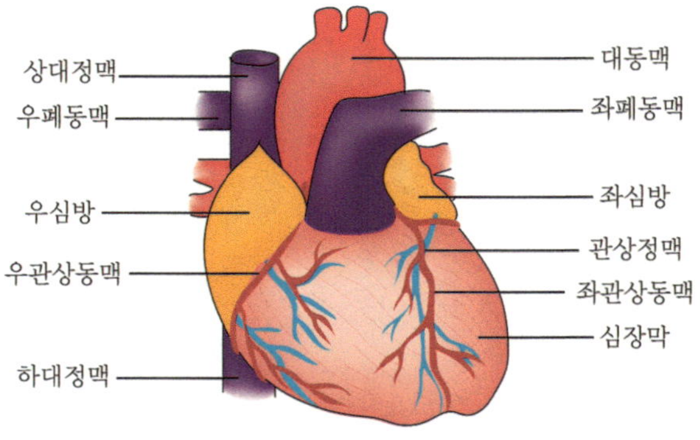

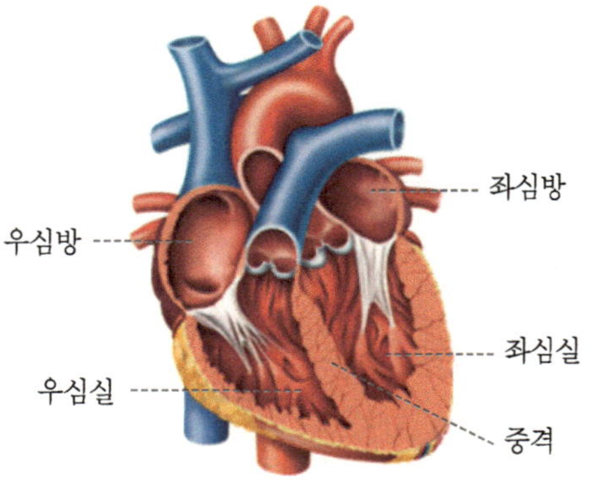

2. 판막의 구조 및 위치에 대해 학습하고, 토의한다.

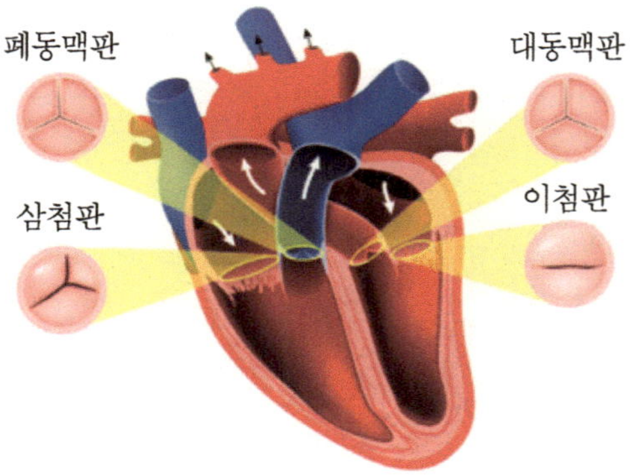

3. 특수영역의 순환에 대해 토의한다.

[간문맥순환]

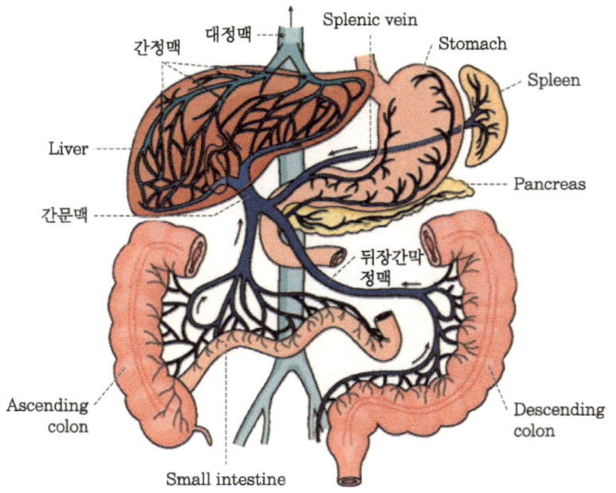

[태아순환]

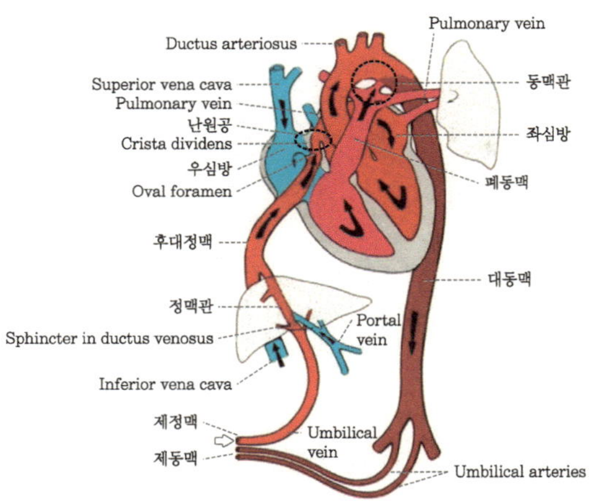

실습 일지

실습 날짜	. . .

실습 내용	
토의 및 핵심 내용	

교육내용 정리

02

혈액의 구성과 기능

실습개요 및 목적

혈액을 구성하는 성분에 대해 이해하고 학습한다.

실습준비물

- 실습지침서
- 실습복
- 슬라이드글라스
- 염색시약

실습방법

1. 혈액을 도말하여 염색 후 현미경을 이용하여 관찰한다.

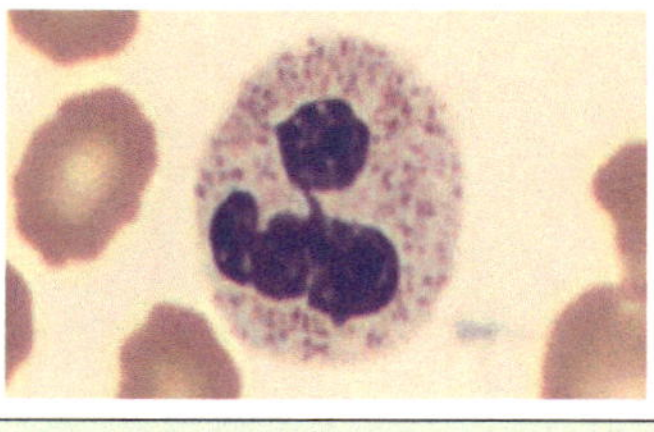	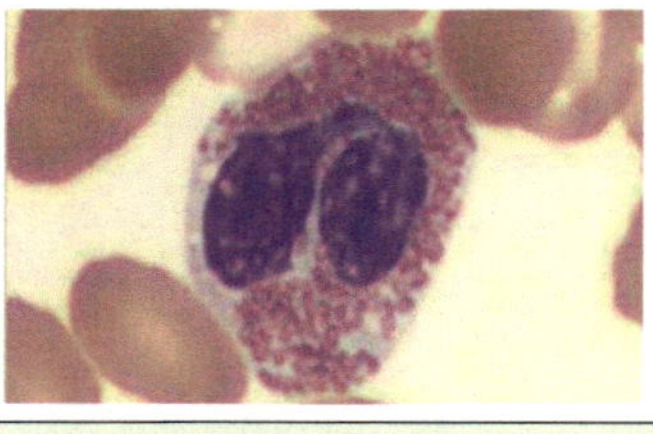	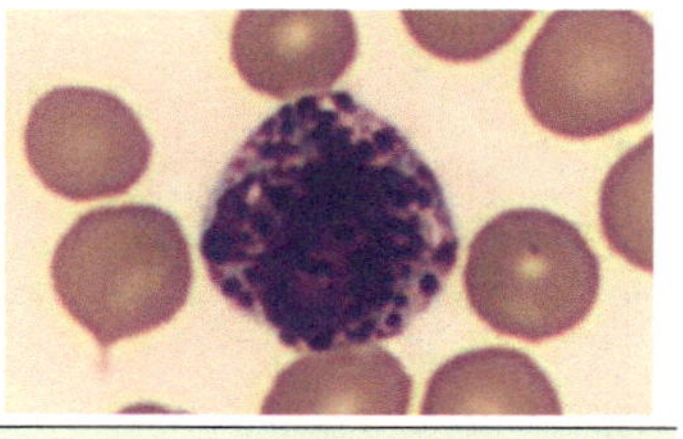
호중구	호산구	호염기구
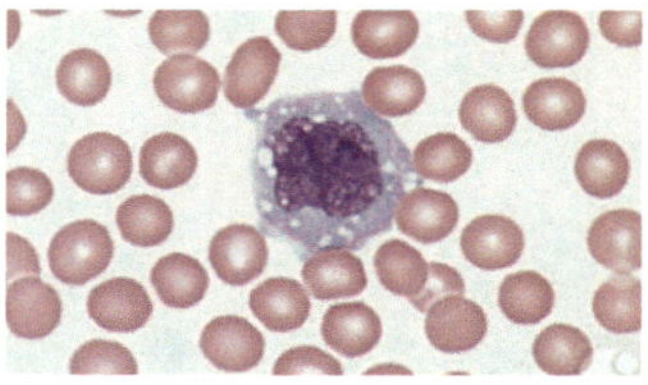	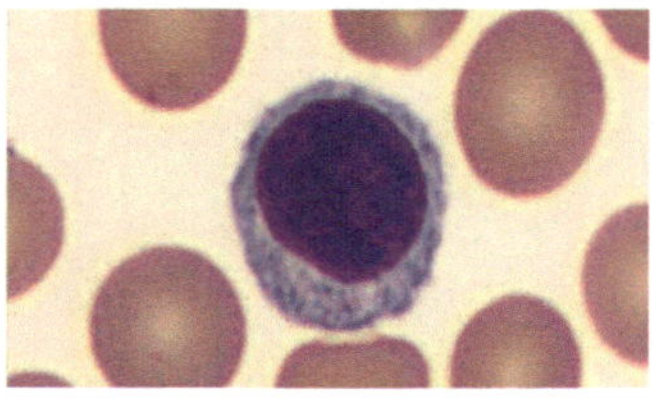	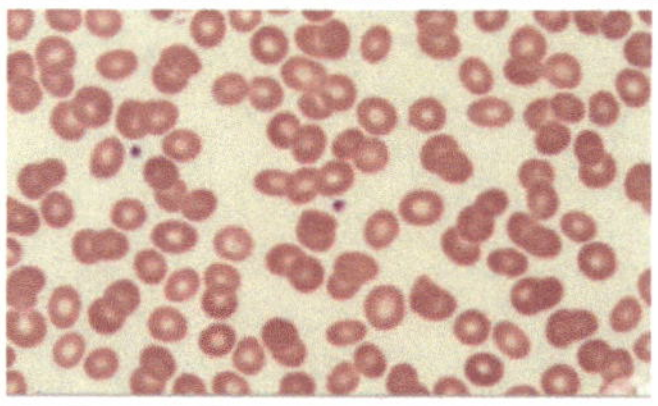
단핵구	림프구	혈소판

2. 혈액을 구성하는 성분들의 기능에 대해 학습하고 토의한다.

- 적혈구
- 백혈구
- 혈소판
- 혈장

실습 일지

실습 날짜	. . .

실습 내용	
토의 및 핵심 내용	

교육내용 정리

03

림프절의 기능과 주요 피하림프절의 위치

실습개요 및 목적

림프절의 기능과 주요 피하림프절의 위치를 학습한다.

실습준비물

- 실습지침서
- 실습복
- 실습견

실습방법

1. 실습견과 함께 피하림프절의 위치를 촉진해본다.

Superficial lymphatic drainage

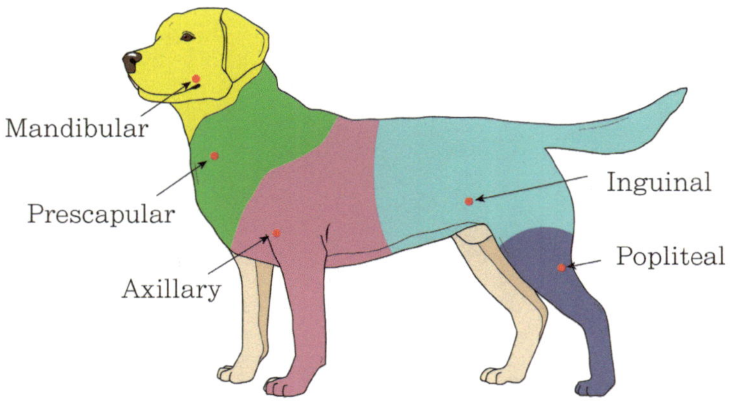

2. 혈액의 순환과 림프의 순환의 차이에 대해 학습하고 토의한다.

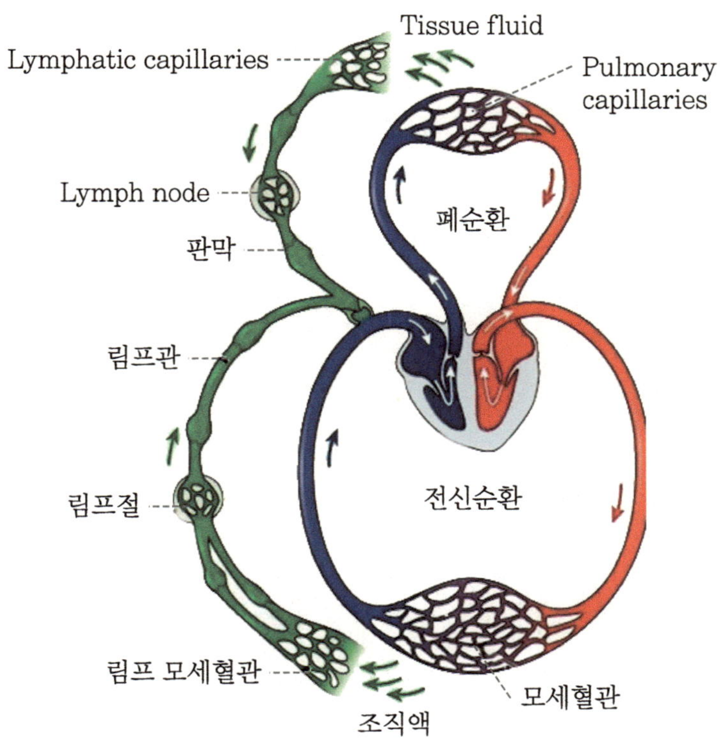

실습 일지

실습 날짜	. . .

실습 내용	
토의 및 핵심 내용	

교육내용 정리

학습목표

- 호흡기를 구성하는 각각의 명칭과 형태를 학습한다.

PART 08

호흡기 계통

01

호흡기 구조

실습개요 및 목적

호흡기를 구성하는 각각의 명칭과 형태를 학습한다.

실습준비물

- 실습지침서
- 실습복
- 동물 인형
- 동물 해부모형

실습방법

1. 동물의 상부호흡기를 이해하고 명칭과 기능을 학습한다.

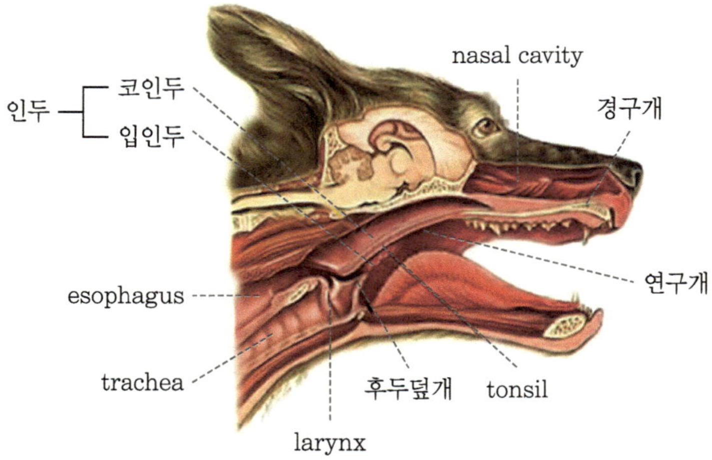

2. 동물의 하부호흡기를 이해하고 각 부위 명칭과 기능을 학습한다.

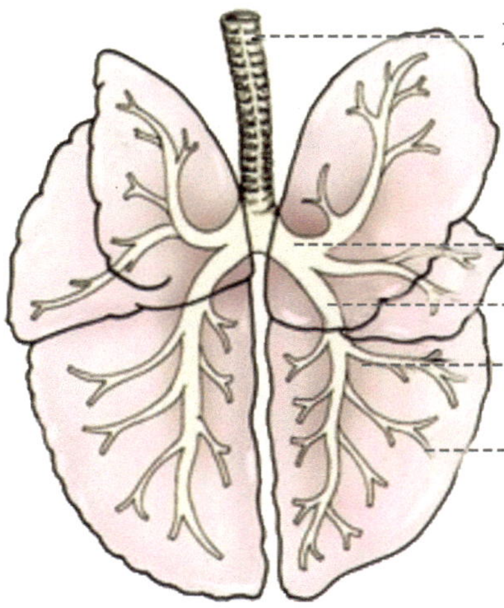

3. 가슴 안 공안에서 호흡기계의 위치를 알아본다.

- 동영상 활용
- 인형에 호흡기 모형을 활용

실습 일지

실습 날짜	. . .

실습 내용	
토의 및 핵심 내용	

교육내용 정리

02

기체교환원리

실습개요 및 목적

호흡기 생리와 기체교환 원리를 이해한다.

실습준비물

- 실습지침서
- 실습복
- 동물 인형
- 동물 해부모형

실습방법

1. 흡기와 호기시의 동물 신체의 변화를 탐구해본다.

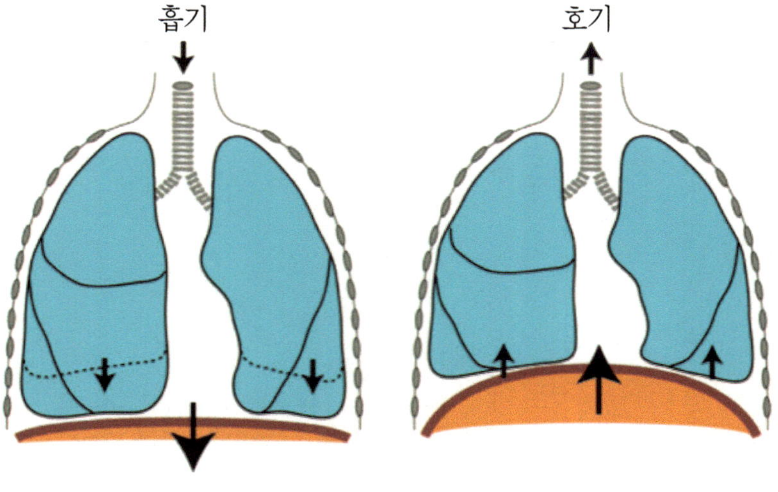

2. 호흡역학에 대해 이해하고 토의한다.

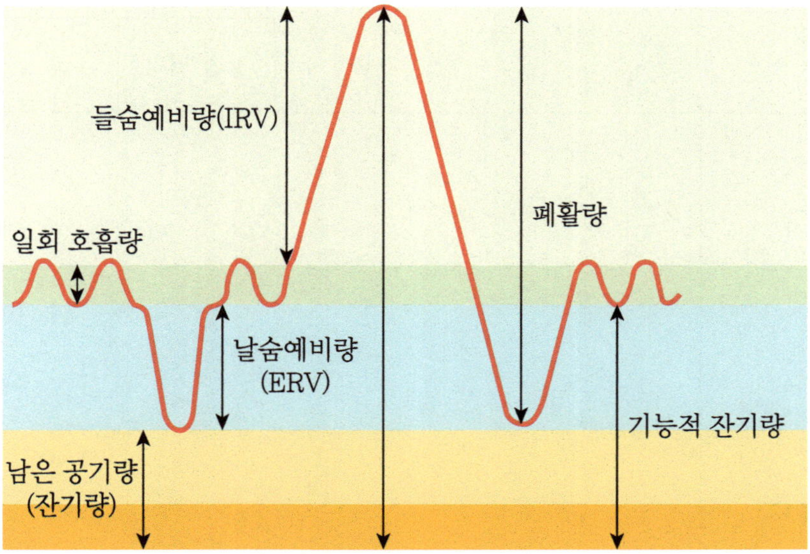

온허파용량(전폐용량)
=들숨예비량
+일회호흡량
+날숨예비량
+잔기량

실습 일지

실습 날짜	. . .

실습 내용	
토의 및 핵심 내용	

교육내용 정리

학습목표

- 소화기계통의 구조와 기능에 대해 탐구한다.

PART 09

소화기 계통

01

소화기 계통의 구조

실습개요 및 목적

소화기를 구성하는 각 부위의 명칭과 형태를 알아본다.

실습준비물

- 실습지침서
- 실습복
- 동물 인형
- 동물 해부모형

실습방법

1. 치아의 종류와 각 부의별 특징을 알아보고 학습한다.

2. 치아의 세부구조에 대해 학습한다.

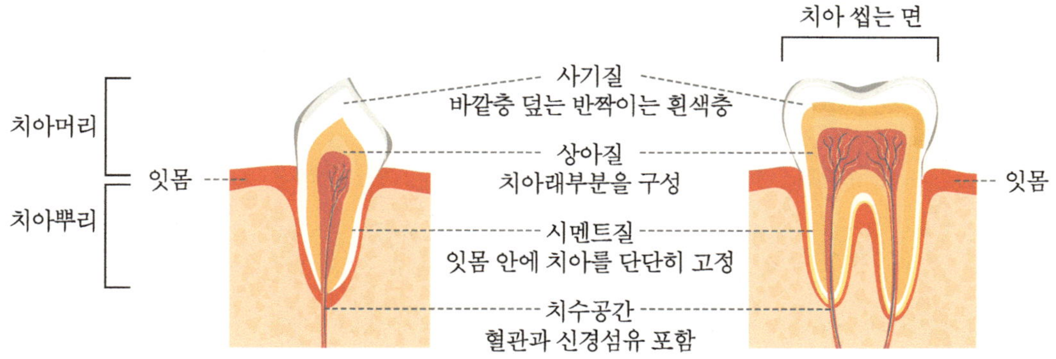

3. 내부 소화기의 위치에 대해 학습한다.

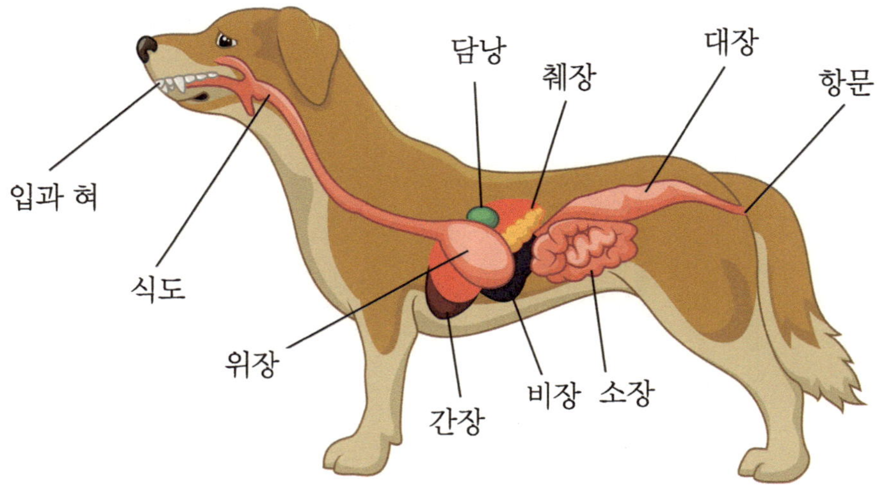

실습 일지

실습 날짜	. . .

실습 내용	
토의 및 핵심 내용	

교육내용 정리

02

소화생리

실습개요 및 목적

소화효소의 종류와 역할 등 소화생리에 대해 학습한다.

실습준비물

- 실습지침서
- 실습복
- 동물 인형
- 동물 해부모형

실습방법

1. 소화효소를 분비하는 이자에 대해 알아보고 이자액의 기능에 대해 알아본다.

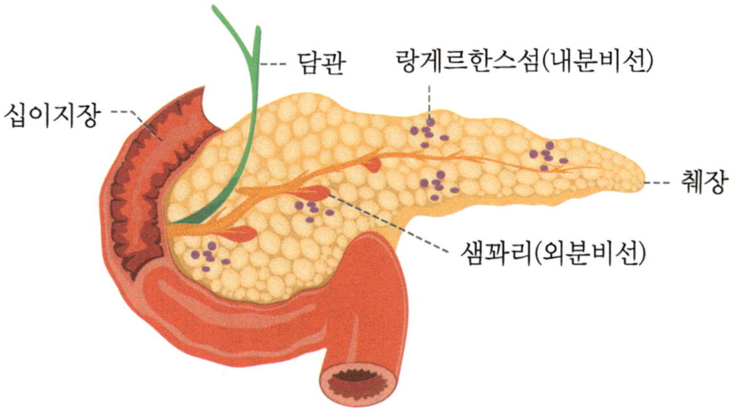

- 중탄산염
- 트립시노젠
- 트립신

- 리파제
- 아밀라제

2. 간의 역할 및 담즙의 역할에 대해 알아본다.

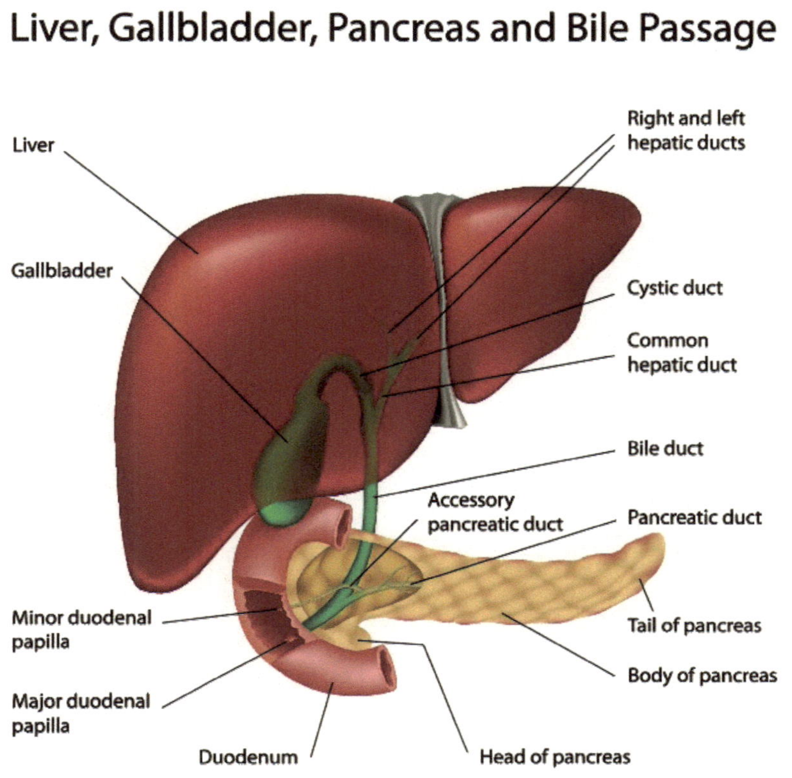

실습 일지

실습 날짜	. . .

실습 내용	
토의 및 핵심 내용	

교육내용 정리

학습목표

- 비뇨기 계통의 구조와 기능에 대해 이해한다.

PART

10

비뇨기 계통

01

해부학적 구조

실습개요 및 목적

비뇨기계통 위치와 구조에 대해 알아본다.

실습준비물

- 실습지침서
- 실습복
- 동물 인형
- 동물 해부모형

실습방법

1. 콩팥의 위치와 모양 내부구조에 대해 알아본다.

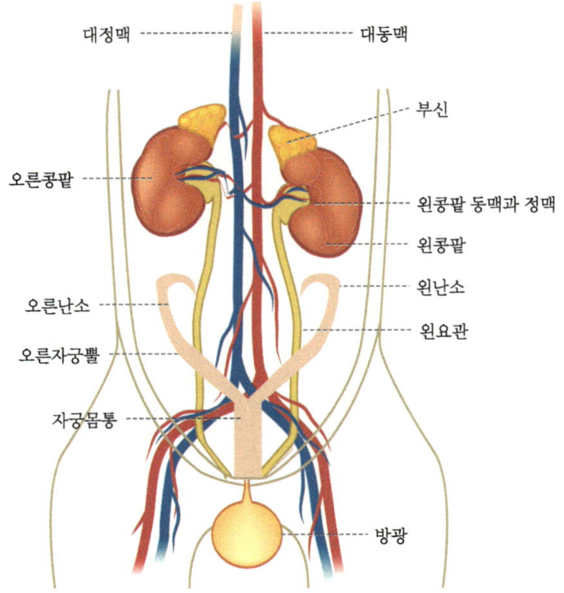

2. 콩팥의 단면을 통해 내부 구조를 탐구한다.

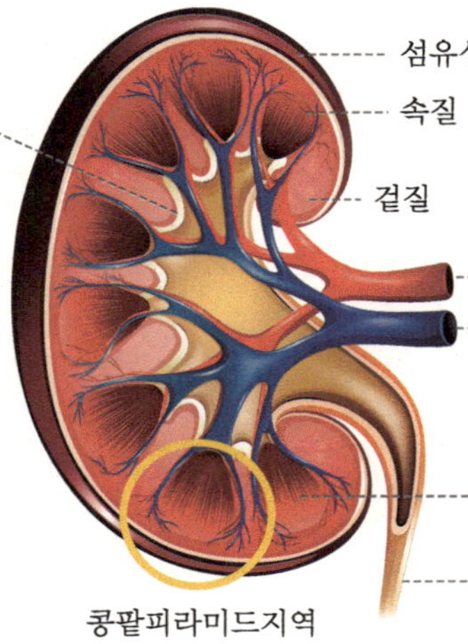

3. 하부비뇨기의 구조에 대해 탐구한다.

- 요관
- 방광
- 요도

실습 일지

실습 날짜	. . .

실습 내용	
토의 및 핵심 내용	

교육내용 정리

02

콩팥의 기능

실습개요 및 목적

콩팥에서의 요형성과정과 콩팥의 기능에 대해 알아본다.

실습준비물

- 실습지침서
- 실습복
- 동물 인형
- 동물 해부모형

실습방법

1. 콩팥의 네프론의 현미경적 구조를 통해 신장의 뇨생성과정에 대해 토의해본다.

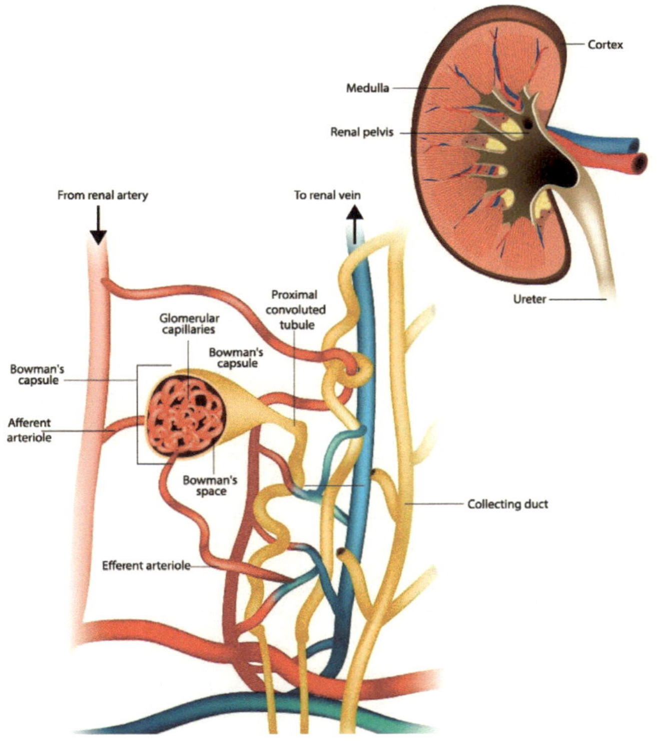

2. 뇨생성과 혈압조절의 관계에 대해 토의해본다.

- 레닌 안지오텐신
- 알도스테론

실습 일지

실습 날짜	. . .

실습 내용	
토의 및 핵심 내용	

교육내용 정리

학습목표

- 생식기의 구조와 특징을 알아본다.

PART 11

생식기 계통

01

수컷생식기 계통

실습개요 및 목적

수컷의 생식기의 구조와 특징에 대해 알아보고 학습한다.

실습준비물

- 실습지침서
- 실습복
- 동물 인형

실습방법

1. 수컷 생식기의 구조와 개, 고양이의 차이에 대해 알아본다.

[수컷 생식기계 구조: 개]

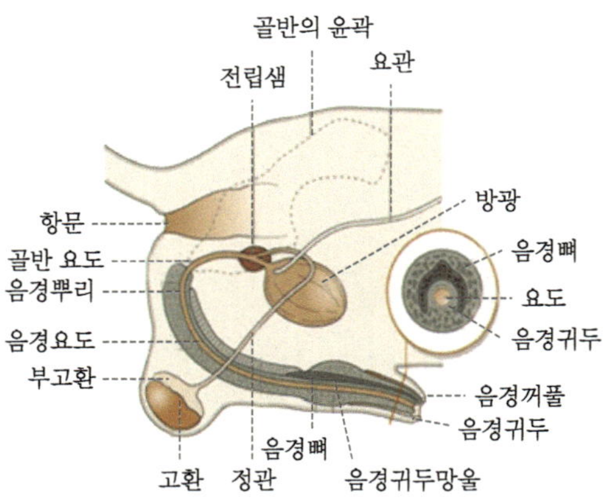

[수컷 생식기계 구조: 고양이]

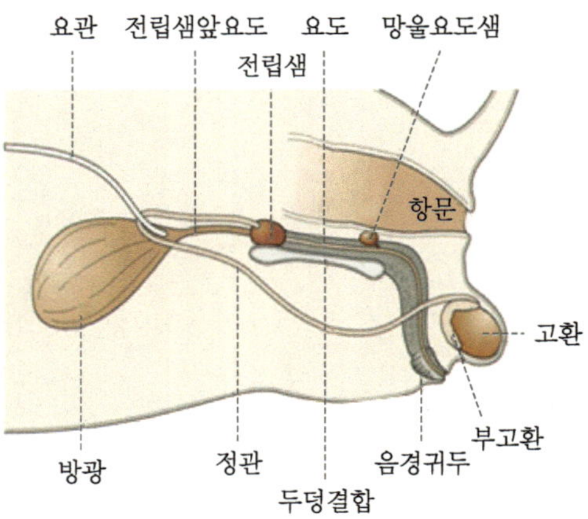

2. 고환 내림에 대해 학습하고 토의한다.

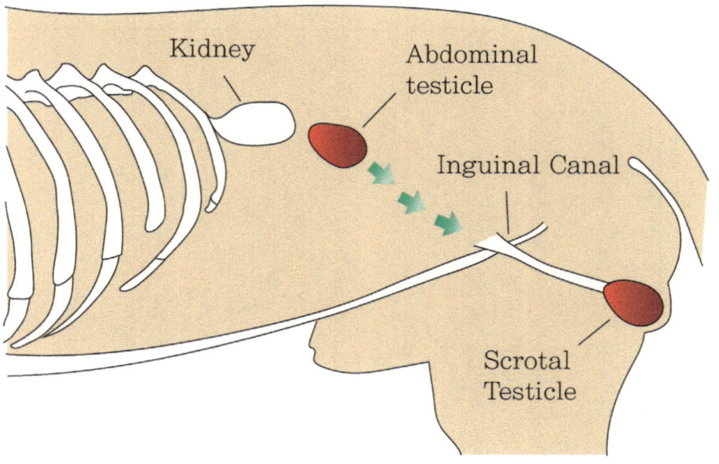

실습 일지

실습 날짜	. . .

실습 내용	
토의 및 핵심 내용	

교육내용 정리

02

암컷생식기 계통

실습개요 및 목적

암컷의 생식기 구조와 특징을 알아보고 학습한다.

실습준비물

- 실습지침서
- 실습복
- 동물 인형

실습방법

1. 암컷의 생식기계통의 구조에 대해 알아본다.

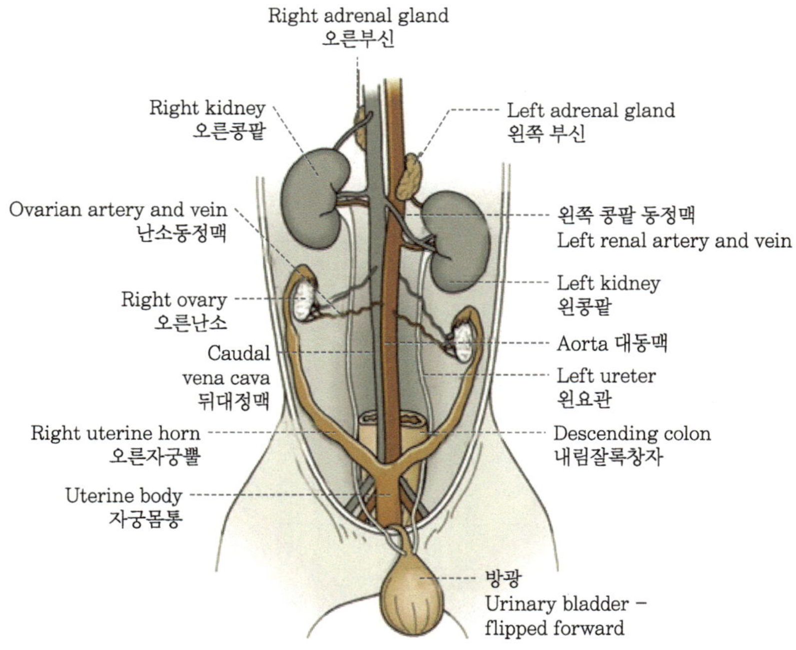

2. 동물별 자궁의 형태에 대해 토의한다.

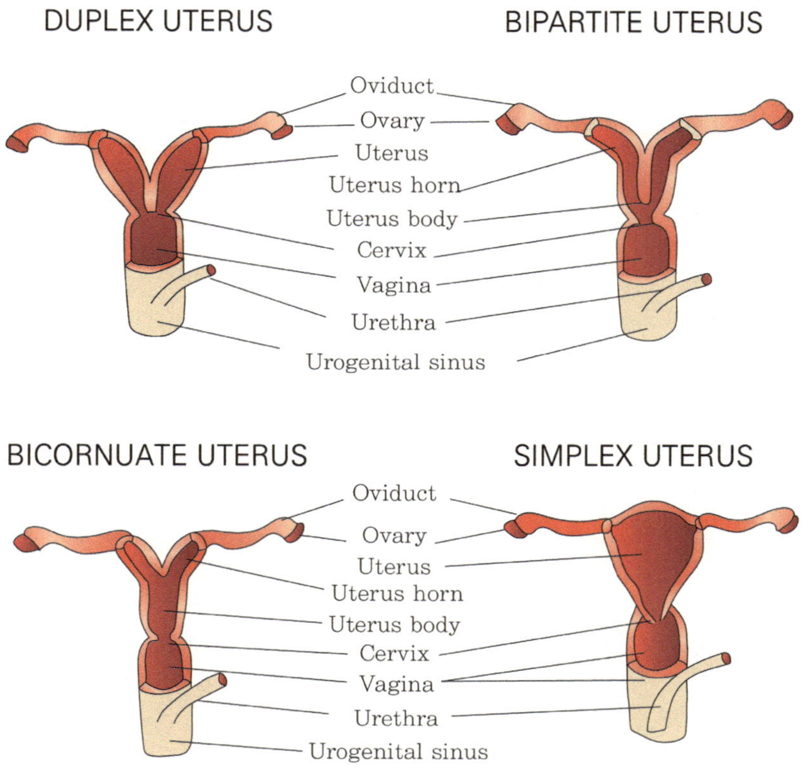

실습 일지

실습 날짜	. . .

실습 내용	
토의 및 핵심 내용	

교육내용 정리

03

번식 생리

실습개요 및 목적

수정, 임신, 분만의 과정에 대해 설명할 수 있도록 한다.

실습준비물

- 실습지침서
- 실습복
- 동물 인형

실습방법

1. 정자와 난자의 생성과 차이에 대해 알아본다.

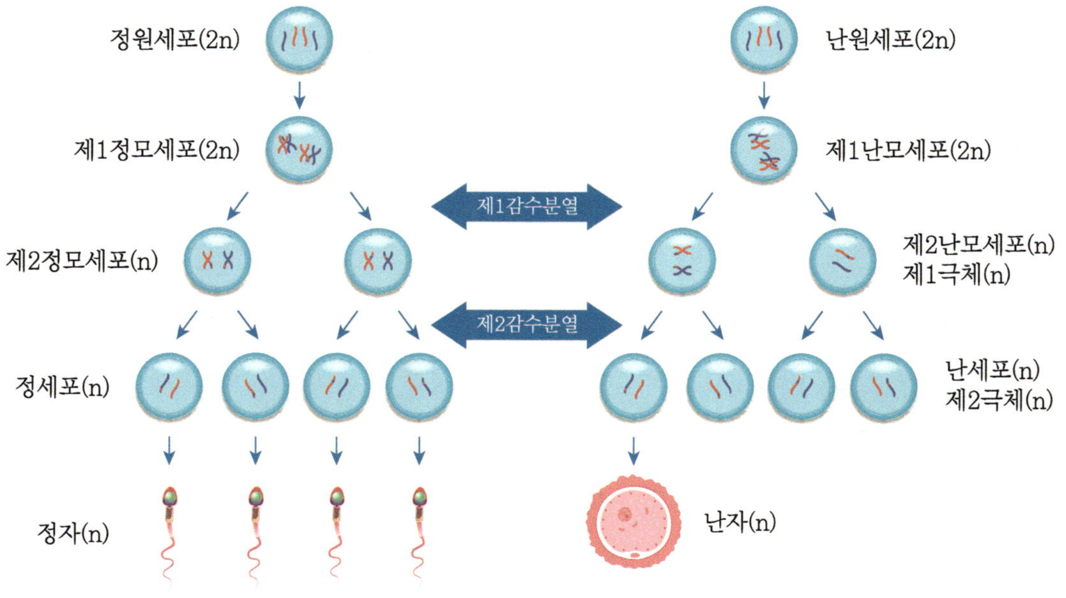

2. 임신 중 동물체의 변화에 대해 알아본다.

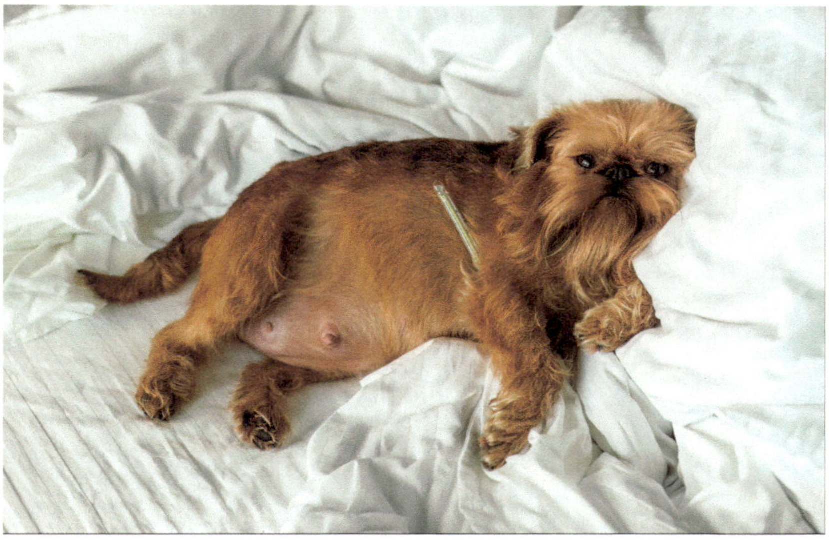

3. 분만과정에 대해 알아보고 준비사항을 체크해보자.

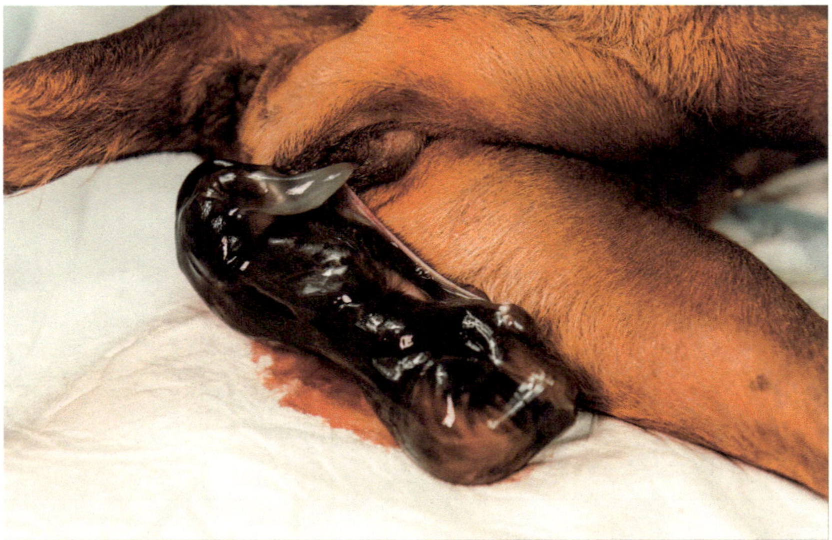

실습 일지

실습 날짜	. . .

실습 내용	
토의 및 핵심 내용	

교육내용 정리

학습목표

- 동물 내분비 기관의 구조와 호르몬에 대해 설명할 수 있다.

PART 12

내분비 계통

01

내분비계의 특성과 호르몬

실습개요 및 목적

내분비계의 특성과 호르몬의 기능을 알아보고 학습한다.

실습준비물

- 실습지침서
- 실습복
- 동물 인형
- 동물 해부모형

실습방법

1. 동물신체의 호르몬 기관의 위치에 대해 학습한다.

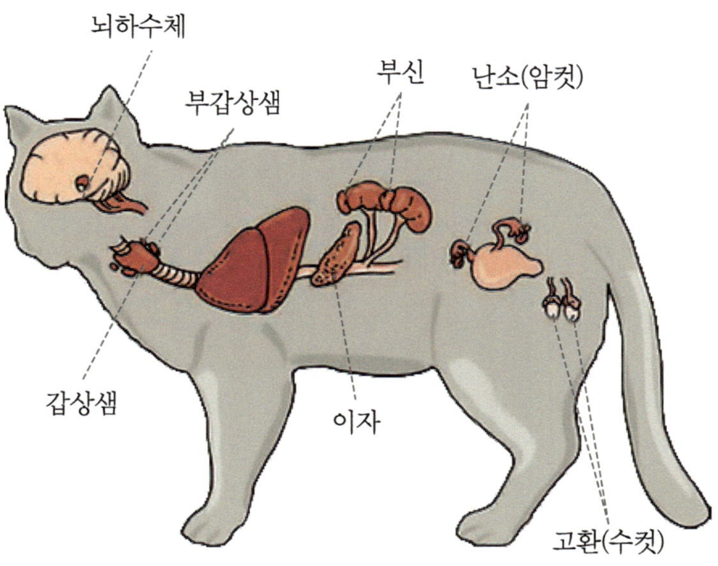

2. 호르몬의 종류와 기능에 대해 설명한다.

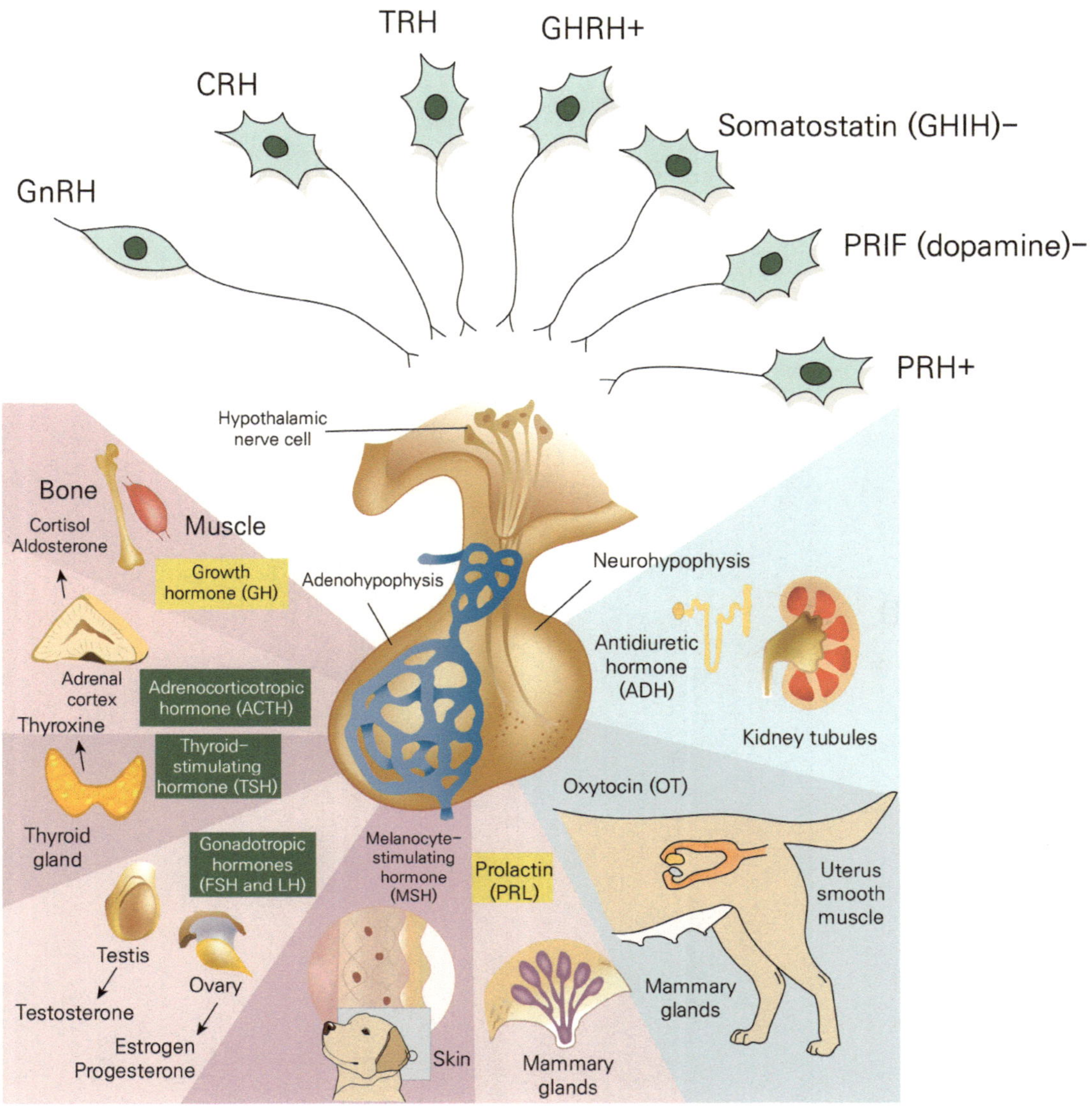

실습 일지

실습 날짜	.　.　.

실습 내용	
토의 및 핵심 내용	

교육내용 정리

저자

김정은
수성대학교 반려동물보건과

송범영
전주기전대학 동물보건과

감수자

김성재_경복대
김옥진_원광대
김향미_서울문화예술대
박수정_부산경상대
송광영_서정대
오희경_장안대
이경동_동신대
정하정_서정대

동물보건 실습지침서
동물해부생리학 실습

초판발행 2023년 3월 30일

지은이 김정은·송범영
펴낸이 노 현

편 집 전채린
기획/마케팅 김한유
표지디자인 이소연
제 작 고철민·조영환

펴낸곳 ㈜ 피와이메이트
서울특별시 금천구 가산디지털2로 53, 210호(가산동, 한라시그마밸리)
등록 2014. 2. 12. 제2018-000080호
전 화 02)733-6771
f a x 02)736-4818
e-mail pys@pybook.co.kr
homepage www.pybook.co.kr
ISBN 979-11-6519-397-3 94520
979-11-6519-395-9(세트)

정 가 20,000원

박영스토리는 박영사와 함께하는 브랜드입니다.